城市景观工程丛书

绿化工程

唐小敏　徐克艰　方佩岚　主编

中国建筑工业出版社

《城市景观工程丛书》
编委会名单

主编：毛培琳　詹庆旋

编委（按姓氏笔画为序）：

朱志红　任莅棣　闫宝兴　孙以栋　孙秀月
陈　刚　吴聪巧　张　昕　赵　鸣　徐　华
郭　明　程　炜　雷　芸　潘海皓

本书编委会

主编：唐小敏　徐克艰　方佩岚

编委：黄开战　王水浪　盛国祥　陆　冰　周　泓
　　　　王　芸　吕　勤　张凤霞　汪晓红

丛书前言

园林既是一门科学，又是一门艺术。中国造园理论丰富深邃，独具特色。它随着历史的变迁、人类的进步、科学的发展，由无到有，由初级到高级，其内涵也在不断扩大、充实和完善。我国的园林发展，历史悠久，博大精深，源远流长。如果从商代的"囿"开始，至今已有三千多年的历史。在这三千多年的园林发展史中，创造了具有中国特色的园林景观。

我国历代的园林哲匠和手工艺人在数千年的园林兴造实践中积累了丰富的实践经验，也留下了一些理论著作。仅从现有保存下来的名园和相关文字资料来看，一方面说明造园技艺的光辉成就，另一方面也留下一些著作，如北宋沈括所著《梦溪笔谈》、宋《营造法式》、明代计成所著《园冶》专门总结了许多园林工程的理法，明代文震亨著《长物志》和徐弘祖著《徐霞客游记》，清代李渔著《闲情偶寄》和沈复著《浮生六记》等都有所触及。研今必习古，无古不成今。社会在不断进步，时代在不断发展，进入工业文明后的生态危机，使人类面临着共同的威胁。现实把人类推向新的思考，如何改善生态环境，促进人与自然的和谐发展？怎样建设好生态园林？我们需要掌握的不只是传统园林层面上的问题。这对于我们这些景观的创造者来讲，任重而道远，我们要不断地学习。

景观工程是一门综合性学科，它涉及建筑工程、艺术、园林植物等领域，生态园林、集水型园林、屋顶花园等对景观工程提出了一系列新的要求。同时它又是一门操作性很强的学科，有各种各样的施工和工艺。随着园林的大发展，社会上出现了许多的园林队伍，创造了许多良莠不齐的景观，造成了很不好的社会影响。为了满足现代城市建设景观技术人员、管理人员以及高等学校等园林专业教学的需要，也为了给现场施工的技术人员提供一套可操作的实用技术参考资料，中国建筑工业出版社特邀了从事景观工程多年的专家和有经验的施工技术人员编写了"城市景观工程"系列丛书。此系列丛书将在今年陆续出版。该丛书共分8册：《景观照明工程》、《水景工程》、《景观铺地工程》、《景观小品工程》、《园林建筑工程》、《假山工程》、《建筑环境空间绿化工程》、《绿化工程》。

本丛书从实际出发，除讲述基本原理以外，着重讲述了施工技艺，用国内外大量的园林造景实例，展示不同风格与特点的景观工程、方法与实践，并附有有关的质量标准，做到深入浅出、图文并茂、直观实用、雅俗共赏。它对园林规划设计工作者、园林施工技术人员以及在职、在读园林专业的学生，都具有较高的参考价值。希望该系列丛书的问世，能为今后的景观工程施工提供若干借鉴与信息，为更好地创造园林景观尽献我们的微薄之力。由于工程材料和技艺水平的快速发展，可能还会有遗漏和欠妥之处，还望广大读者予以指正。

在此对中国建筑工业出版社提供如此好的机会表示感谢，对参与编写本丛书的工作人员付出的辛勤劳动和对本丛书编写过程中提供帮助的人士表示感谢！

毛培琳

序

　　城市景观系列丛书中的《绿化工程》分册即将付梓，值得欣喜与庆贺！

　　本书虽非鸿篇巨著，却也是系统、全面、概要地介绍了绿化工程的方方面面。书中有史有论，有方法也有实例。类似这样的专业书目前还不多，幸好主编唐君小敏高工长期在园林生产管理一线工作，对绿化工程有深切体验和相当丰富的经验积累，因而能言之有物，且有理。相信此书之出版对园林战线的技术人员和在校的园林专业学生都会有帮助。其中不少具体做法与经验之谈，不仅对设计人员有启发，而且对绿化工程的项目经理更具指导意义。

　　本书为了系统、全面地反映绿化工程领域中的诸多问题，也不可避免地论及目前流行的一些做法，诸如大树移植、反季节种植、色块种植及边坡复绿等内容。但是我们并无提倡和推广之意。反之，对这些做法应持十分谨慎的态度，只是在避免不了的特殊情况下才参照应用而已。尤其是目前流行的边坡复绿技术尚属起步摸索阶段，有待深入探讨与突破的难点还很多，更不宜全盘搬来套用，这是要提醒的。

　　鉴于主编受吾师妹顾文琪熏陶多年，平时又有同行间交往，故值佳作告成与先睹之机，预为此书初校，并乐而作序。

浙江省建设厅科技委风景园林专家委员　　*胡京榕教授*

浙江省城乡规划设计研究院顾问总工

于2007年7月20日

目 录

第一章　绿化工程 ··· 1
一、绿化工程概论 ·· 1
（一）绿化工程的含义 ··· 1
（二）绿化工程的分类 ··· 2
（三）绿化工程的范围 ··· 3
二、绿化工程对环境的作用 ··· 4
（一）维持碳平衡 ·· 4
（二）调节温度，缓解"热岛效应" ···································· 5
（三）调节湿度 ·· 6
（四）净化空气 ·· 6
（五）杀死病菌 ·· 7
（六）净化水体、土壤 ··· 8
（七）通风防风 ·· 9
（八）降低噪声 ·· 9
第二章　绿化工程的历史及发展 ··· 10
一、中国古典园林绿化工程发展概况 ···································· 10
（一）皇家园林 ··· 10
（二）私家园林 ··· 20
二、中国现代园林绿化工程概况 ··· 35
（一）现代园林中绿化对环境的影响 ································· 36
（二）各流派对现代园林绿化工程的影响 ·························· 45
（三）绿化工程未来的发展趋势 ·· 48
三、欧洲园林对中国绿化工程的影响 ···································· 52
第三章　绿化工程的种类 ·· 55
一、城市绿化工程 ··· 55

(一) 公园绿化 ··· 60
   (二) 街头绿地及小游园绿化 ····················· 68
   (三) 滨河绿化 ··· 75
   (四) 城市广场绿化 ·································· 79
 二、城郊绿化工程 ··· 85
   (一) 入城口绿化景观 ······························· 86
   (二) 防护绿带 ··· 88
   (三) 道路绿化 ··· 92
 三、住宅绿化工程 ··· 105
   (一) 生活小区住宅绿化 ··························· 105
   (二) 山坡别墅绿化 ·································· 119
   (三) 休闲度假区绿化 ······························· 126
第四章 园林绿化施工及实例 ··························· 133
 一、施工准备 ··· 133
   (一) 施工前准备 ····································· 133
   (二) 技术准备 ··· 133
   (三) 进场准备 ··· 134
   (四) 施工现场准备 ·································· 134
   (五) 编制施工组织设计 ··························· 134
 二、地形地貌改造 ··· 136
   (一) 园林地形地貌及其作用 ···················· 136
   (二) 园林地形设计的原则和步骤 ············· 136
   (三) 园林地形地貌的设计 ························ 137
   (四) 园林地形地貌 ·································· 139
 三、树木栽植施工 ··· 149
   (一) 园林种植 ··· 149
   (二) 园林种植的特点 ······························· 149
   (三) 栽植对环境的要求 ··························· 150
   (四) 树木栽植的主要工序 ························ 152
   (五) 树木栽植的原则 ······························· 156

（六）树木栽植的要领 ……………………………………… 159
四、大树移植 …………………………………………………… 163
　　（一）影响大树移植成活的因素 …………………………… 164
　　（二）大树移植基本原理 …………………………………… 165
　　（三）大树移植技术措施 …………………………………… 165
　　（四）园林新产品的运用 …………………………………… 169
　　（五）实例 …………………………………………………… 170
五、反季节种植技术关键 ……………………………………… 171
　　（一）种植材料的选择 ……………………………………… 172
　　（二）种植前土壤处理 ……………………………………… 173
　　（三）苗木的运输和假植 …………………………………… 173
　　（四）种植穴和土球直径 …………………………………… 174
　　（五）种植前修剪 …………………………………………… 175
　　（六）苗木种植 ……………………………………………… 175
　　（七）反季节栽植技术措施 ………………………………… 176
　　（八）提高反季节种植苗木成活率的方法 ………………… 177
六、立体花坛的施工 …………………………………………… 179
　　（一）花坛的花卉种植 ……………………………………… 180
　　（二）花坛的养护管理 ……………………………………… 181
七、花境施工 …………………………………………………… 183
八、草坪的建植与养护 ………………………………………… 184
　　（一）草坪的建植 …………………………………………… 184
　　（二）草坪的养护管理 ……………………………………… 186

第五章　苗木新秀 …………………………………………… 190
一、乔木新品 …………………………………………………… 190
二、灌木新品 …………………………………………………… 203
三、地被新品 …………………………………………………… 212

参考文献 ……………………………………………………… 218

第一章 绿化工程

一、绿化工程概论

(一) 绿化工程的含义

广义的绿化工程是指用来绿化或美化环境的建设工程,其概念基本等同于园林工程,是以园林建设中的工程技术为研究对象,其特点是以工程技术为手段,塑造园林艺术的形象。是在一定的地域运用工程技术和艺术手段,通过改造地形(或进一步筑山、叠石、理水)、种植树木花草、营造建筑和布置园路等途径创作成美的近自然环境和游憩境域。根据《辞海》上的说法,园即四周常围有垣篱,种植树木、花卉或蔬菜等植物和饲养、展出动物的绿地。园林,在中国古籍里根据不同的性质也称作园、囿、苑、园亭、庭园、园池、山池、池馆、别业、山庄等,美英各国则称之为 Garden、Park、Landscape Garden。它们的性质、规模虽不完全一样,但都具有一个共同的特点:即在一定的地段范围内,利用并改造天然山水地貌或者人为地开辟山水地貌、结合植物的栽植和建筑的布置,从而构成一个供人们观赏、游憩、居住的环境。

狭义的绿化工程常被称为园林种植工程,是园林工程中的重要组成部分,也是园林工程中最具生命力和活力的部分。绿化一词,源于俄文(Оеление),是泛指除天然植被以外的,为改善环境而进行的人工绿化的种植。根据通用的施工方法,绿化工程常被安排在园林建设的最后阶段进行。绿化工程就是:按照设计要求,种树、栽花、植草,并使其成活,尽早发挥最佳效果。

在传统的观念中,中国的园林特别是古典园林往往给人神秘、深奥的一面,每每提及总能想到小桥流水、画梁雕栋的艺术形象。然而,园林不仅仅是大部分人认可的艺术形象,它更是一门严谨的科学。无论是空间组织、建筑布局、筑山理水、还是植物配置、意境营造都有其因循的规律。绿化工程的主体种植工程是利用有生命的植物材料来构成空间,这些材料本身就有"生命现象"的特点,包括生长及其他功能。目前,生命现象还没有充分研究清楚,还不能充分地进行人工控制,因此,园林植物有其困难的一面,也足见其科学性。

（二）绿化工程的分类

我国的绿化工程类型很多。按绿地的主要功能，可将绿化工程分为公园绿地绿化工程、生产绿地绿化工程、防护绿地绿化工程、附属绿地绿化工程和其他绿地绿化工程等；按所有权，可将绿化工程分为公共绿地绿化工程和私人绿地绿化工程；按所处位置，可以将绿化工程分为城市绿化工程、郊区绿化工程和住宅绿化工程等。

1. 按绿地的主要功能分类

（1）公园绿地绿化工程

它是建设向公众开放，以游憩为主要功能，兼具生态、美化、防灾等作用绿地的绿化工程。包括综合性公园、社区公园、专类公园、带状公园、街旁绿地等公共绿地的绿化工程。

（2）生产绿地绿化工程

它是为绿化提供苗木、花草、种子等工程材料的苗圃、花圃、草圃等场地的绿化工程。

（3）防护绿地绿化工程

它是具有卫生、隔离和安全防护功能绿地的绿化工程。包括卫生隔离带、道路防护绿地、城市高压走廊绿带、防风林、城市组团隔离带等场地的绿化工程。

（4）附属绿地绿化工程

它是建设用地中绿地之外各类用地中的附属绿化用地的绿化工程。包括居住用地、公共设施用地、工业用地、仓储用地、对外交通用地、道路广场用地、市政设施用地和特殊用地的绿化工程。

（5）其他绿地绿化工程

它是对生态环境质量、居民休闲生活、景观和生物多样性保护有直接影响的绿地的绿化工程。包括风景名胜区、水源保护区、郊野公园、森林公园、自然保护区、风景林地、城市绿化隔离带、野生动植物园、湿地、垃圾填埋场恢复绿地等场地的绿化工程。

2. 按所有权分类

（1）公共绿地绿化工程

它是为所有人或大部分人提供服务的场所的绿化工程，需要满足大部分人的使用需求。如公园、广场、小区公共绿地、街头绿地、道路绿地等场所的绿化工程。

（2）私人绿地绿化工程

它是为少数或个别人（主要指拥有者）提供服务的场所的绿化工程，是极具个性化的绿化工程。如室内绿化、屋顶绿化、庭院绿化等绿化工程。

3. 按所处位置分类

（1）城市绿化工程

它是对城市区域内的功用场所进行绿化的工程，需要体现一个城市的特色和形象。如公园绿化工程、街头绿地及小游园绿化工程、滨河绿化工程、城市广场绿化。

（2）城郊绿化工程

它是对城市边郊、乡镇等地进行绿化的工程，它是城市主要的环境调节地和保护地，也往往成为城市环境的保障。如入城口绿化景观工程、防护绿带绿化工程、道路绿化工程。

（3）住宅绿化工程

它是对人们日常居住的建筑及其周围进行环境改造的工程，如生活小区住宅绿化工程、山坡别墅绿化工程、休闲度假区绿化工程等。

（三）绿化工程的范围

人们常指的绿化工程，主要包括园林工程中的场地清理、土壤改良、苗木移植以及后期的养护管理工程。随着园林绿化行业和专业学科的不断发展，绿化工程的内涵和外延也随之不断丰富、扩大。绿化工程从起初的单纯园林植物种植、养护管理，逐渐向更全面的方向发展。目前社会上所指的绿化工程除了种植工程和养护管理以外，还包括土方工程（地形营造）、绿地排水工程（以沟渠排水为主）、园路工程、铺装工程、照明工程、灌溉工程、假山工程、水景工程、绿地附属的园林建筑和小品等等。其涉足的场地从庭园、宅园、小游园、花园、公园、植物园、动物园等传统的场地逐渐扩展，随着学科的发展，还包括屋顶花园、城市广场、室内绿化、森林公园、风景名胜区、自然保护区或国家公园的游览区以及休养胜地。

绿化工程与人们的审美观念、社会的科学技术水平相适应，它更多地凝聚了当时当地人们对正在或未来生存空间的一种向往，在当代，园林选址已不拘泥于名山大川、深宅大府，而广泛建置于街头、交通枢纽、住宅区、工业区以及大型建筑的屋顶，使用的材料也从传统的建筑用材与植物扩展到了水体、灯光、音响等综合性的材料相结合。绿化工程的现代范围往往与人们所熟知的环境改造、保护、美化等同,是创造美好人居环境的必然手段。

二、绿化工程对环境的作用

从绿地的生态效益出发,绿化工程的主要材料是具生命的绿色植物,所以它具有自然属性。绿化不仅仅提供给人们休憩空间、休闲场所,美化环境,创造景观等,更重要的是对改善环境、维持生态平衡的作用。从生态学的角度出发,园林绿化中一定量的绿色植物,既能维护和改善一定区域范围内大气循环中的碳和氧平衡,又能调节城市的温度、湿度,净化空气、水体和土壤,还能促使城市通风、减少风害、降低噪声等等。

(一)维持碳平衡

空气中的碳平衡是在绿地与城市之间不断调整制氧和耗氧关系的基础上实现的。氧是生命系统中的基础物质,其平衡能力的大小,对城市地区社会发展的可持续性具有潜在的影响。通常情况下,大气中的二氧化碳含量为0.03%左右,氧气含量为21%,随着中国城市人口的集中,工业生产发展所放出的废水、废气、燃烧烟尘和噪声也越来越多,相应地,氧气含量减少,二氧化碳增多。它不仅仅影响环境质量,而且直接损害人们的身心健康。如果有足够的园林植物进行光合作用,吸收大量的二氧化碳,释放出大量的氧气,就会改善环境,促进生态系统良性循环,不仅可以维持空气中氧气和二氧化碳的平衡,而且会使环境得到多方面的改善。

据统计,地球上60%的氧气是由森林绿地提供的。每公顷园林绿地每天能吸收900kg的二氧化碳,生产600kg的氧气;相关试验分析表明,不同植被类型的绿地,其固碳放氧的功能有很大的差异,如表1-1所示。

单株乔灌木与1m^{2}草坪的日均固碳放氧功能比较   表1-1

植被类型	植物数量(株)	叶面积绿量(m^2)	吸收二氧化碳数量(kg/d)	释放氧气数量(kg/d)
落叶乔木	1	165.7	2.91	1.99
常绿乔木	1	112.6	1.84	1.34
灌木类	1	8.8	0.12	0.087
草坪	1(m^2)	7.0	0.107	0.078
花竹类	1	1.9	0.0272	0.0196

资料来源:胡长龙,《园林规划设计》,中国农业出版社。

另据试验，只要有 25m² 草地或 10m² 树林就能把一人每天呼出的二氧化碳全部吸收。

（二）调节温度，缓解"热岛效应"

园林绿地中树木在夏季能为树下游人阻挡直射的阳光，并通过其本身的蒸腾和光合作用消耗许多热量。据前苏联有关研究，绿地较硬地平均辐射温度低 14.1℃。据莫斯科的观测统计，夏季 7~8 月间，市内柏油路面的温度为 30~40℃，而草坪只有 22~24℃。公园的气温较一般建筑院落低 1.3~3℃，较建筑群间的气温低 10%~20%。无风天气，绿地凉爽，空气向炎热地区流动而产生微风，风速约为 1m/s。因此，如果城市里绿地分布均匀，就可以调节整个城市的气候。据测定，盛夏树林温度比裸地低 3~5℃。绿色植物在夏季能吸收 70%~80% 的日光能、90% 的辐射能，使温度低 3℃ 左右；园林绿地中地面温度比空旷地面低 10~17℃，比柏油路低 8~20℃，有垂直绿化的墙面温度比没有绿化的墙面温度低 5℃ 左右，如表 1-2。

不同类型绿地降温作用（北京地区，8 月 1 日）　　　　表 1-2

绿地类型	面积（hm²）	平均气温（℃）
大型公园	32.4	25.6
中型公园	19.5	25.9
小型公园	4.9	26.2
城市空旷场地	—	27.2

资料来源：胡长龙，《园林规划设计》，中国农业出版社。

"热岛效应"（Urben Thermal Island）是城市气候中的一个显著特征，其原因在于人类对原有自然下垫面的人为改造。以砂石、混凝土、砖瓦、沥青为主的建筑所构成的城市，工厂林立，人口拥挤，交通繁忙，人为热的释放量大大增加，加上空气流动条件较差，热量扩散较慢，"热岛效应"越来越明显，且城市热岛强度随城市规模的扩大而加强。

规模较大、布局合理的园林绿地系统，可在高温的建筑组群之间交错形成连续的低温地带，将集中型热岛缓解为多中心型热岛，起到良好的降温作用，使人感到舒适。

（三）调节湿度

由于树木的叶面具有蒸腾水分的作用，能使周围空气湿度增高。一般情况下，树林内空气湿度较空旷地高 7%~14%。在潮湿的沼泽地，也可以种植树木，通过树叶的蒸腾作用，能使沼泽地逐渐降低地下水位。在城市里种植大片树林，可以增加空气的湿度。通常大片绿地调节湿度的范围，可以达到绿地周围相当于树高 10~20 倍的距离，甚至扩大到半径 500m 的邻近地区。

人们感觉舒适的相对湿度为 30%~60%，而园林植物可通过叶片蒸发大量水分。据北京园林局测定，$1hm^2$ 的阔叶林夏季能蒸发 2500t 水，比同面积的裸露土地蒸发量高 20 倍。每公顷油松林，每日蒸发量为 43.6~50.2t，加杨林每日蒸发量为 57.2t，所以它们能提高空气湿度。据测定，公园的湿度比其他绿化少的地区高 27%，行道树也能提高相对湿度 10%~20%。冬季，因为绿地中的风速小，气流交换较弱，土壤和树木蒸发的水分不易扩散，所以其相对湿度也高 10%~20%。空气湿度的增加，大大改善了城市小气候，从而令人感到舒适。

（四）净化空气

粉尘、二氧化碳、氟化氢、氯气等有害物质是城市的主要污染物质；二氧化碳数量多，分布广，危害最大。据研究，许多园林植物的叶片具有吸收二氧化碳的能力。松林每天可从 $1m^3$ 的空气中吸收 20mg 二氧化硫，每公顷柳杉林每天能吸收 60kg 二氧化硫。很多树叶中含硫量可达 0.4%~3%（占叶片干重比）。上海园林局测定，女贞、泡桐、刺槐、大叶黄杨等都有很强的吸氟能力；构树、合欢、紫荆、木槿具有较强的抗氯吸氯能力。据统计，工业城市每年降尘量平均为 500~1000t/km^2。粉尘一方面降低了太阳的照明度和辐射强度，削弱了紫外线，另一方面，飘尘随着人们的呼吸进入肺部，产生气管炎、尘肺、矽肺等疾病。1952 年英国伦敦因燃煤粉尘危害，致使 4000 多人死亡，被称为世界"烟雾事件"。20 世纪 70 年代末期上海肺癌死亡居癌症之首。粉尘不仅是传染病菌的载体，而且还会随着人们的呼吸进入人体内而产生矽肺、肺炎等疾病。合理配植绿色植物，可以吸收有毒气体，阻挡粉尘飞扬，净化空气。如悬铃木、刺槐林可使粉尘减少 23%~52%，使飘尘减少 37%~60%。绿化好的上空大气含尘量通常较裸地或街道少 1/3~1/2。一条宽 5m 的悬铃木树林带可使二氧化硫浓度降低 25% 以上，加杨、桂香柳等能吸收醛、酮、醇、醚等有毒气体。草坪还可以防止灰尘的再起，从而减少了人类疾病的来源。

一般树木叶面积是其占地面积的60~70倍,草坪中草的叶面积是占地面积的20~30倍。有很多树叶表面凹凸不平,或长有茸毛,或能分泌黏性物质等,其上可附着大量灰尘。据测定,某工矿区直径在 $10\mu m$ 以上的粉尘比公园绿地多6倍;工业区空气中的飘尘(直径小于 $10\mu m$)比绿化区多10%~50%;有草坪的足球场比未铺草坪的足球场上空含尘量少2/3~5/6。所以绿色的园林植物被称为"空气过滤器"。

(五)杀死病菌

由于园林绿地上有树木、草、花等植物覆盖,其上空的灰尘相应减少,因而也减少了粘附其上的病原菌。另外,许多园林植物还能分泌出一种杀菌素,具有杀菌作用。据前苏联学者于20世纪30年代研究的500种以上的植物证明:杨、圆柏、云杉、桦木、橡树等都能制造杀菌素,可以杀死结核、霍乱、赤痢、伤寒、白喉等病原菌。从空气的含菌量来看,森林外的细菌含量为3~4万个 $/m^3$,而森林内的仅300~400个 $/m^3$,1hm^2圆柏林每昼夜能分泌30kg的杀菌素。桉树、梧桐、冷杉、毛白杨、臭椿、核桃、白蜡等都有很好的杀菌能力。据南京植物研究所测定,绿化差的公共场所的空气中含菌量比植物园高20多倍。由于松林、柏树、樟树的叶子能散发出某些挥发性物质,杀菌力强;而草坪上空尘埃少,可减少细菌扩散(表1-3)。据法国测定,百货商店空气含菌量高达400万个 $/m^3$,林荫道为58万个 $/m^3$,公园为1000个 $/m^3$,林区只有55个 $/m^3$。

各类林地和草地的含菌量比较　　　　　　　　　　　　表1-3

类型	每立方米空气含菌量(个)
松树林(黑松)	589
草地(细叶结缕草)	688
柏树林	747
樟树林	1218
喜树林	1297
杂木林	1965

资料来源:胡长龙,《园林规划设计》,中国农业出版社。

此外,中国林业科学研究院在北京的观测资料表明:公共场所(王府井、海淀镇)空气的平均含菌量,约为公园的6.9倍;道路空气含菌量,约为公园的5倍。王府井的空气含菌量是中山公园的7倍,海淀镇的空气含菌量是海淀小型公园的18倍，香山公园停车场内空气含菌量是香山公园的2倍。可见绿化好坏对环境质量具有重要作用，所以把园林绿化植物称为城市的"净化器"。

（六）净化水体、土壤

城市和郊区的水体，由于工矿废水和居民生活污水的污染而影响环境卫生和人们身体健康。树木可以吸收水中的溶解质，减少水中含菌数量。根据国外的研究：从无林山坡流下的水中溶解物质为 $16.9t/km^2$；而从有林山坡流下的水中溶解物质为 $6.4t/km^2$。地表径流通过 30~40m 宽的林带，能使其中的亚硝酸盐离子（NO_2^-）含量降低到原来的 1/2~2/3。林木还可以减少水中含菌量，在通过 30~40m 宽的林带后，每升水中所含细菌的数量比不经过林带的减少 1/2，在通过 50m 宽 30 年生的杨、桦混交林后，细菌数量减少 90% 以上。地表径流从草原流向水库的每升水中，有大肠杆菌 920 个。以此为对照值，从榆树及金合欢混交林流向水库的每升水含菌数为其的 1/10，从松林中流出的每升水含菌数为其的 1/8，从栎树、白蜡、金合欢混交林流出的水含菌数为其的 1/23。水生植物如水葱、田蓟、水生薄荷等能杀菌。实验表明，将这三种植物放在每毫升含 600 万细菌的污水中，两天后大肠杆菌消失。把芦苇、泽泻和小糠草放在同样的污水中，12d 后放芦苇、泽泻的仅有细菌 10 万个，放小糠草的尚有细菌 12 万个。当未经处理的河水经初步氯消毒再流经水葱植株丛后，大肠杆菌全部消灭。水葱还有吸收有毒物质、降低水体生化需氧量的作用，它本身的抗性也较强。芦苇能吸收酚，每平方米芦苇一年可积聚 6kg 的污染物，杀死水中的大肠杆菌。种芦苇的水池比一般草水池中水的悬浮物减少 30%，氯化物减少 66%，总硬度减少 33%。水葱可吸收污水池中的有机化合物。水葫芦能从污水里吸取汞、银、金、铅等重金属物质，并能减低镉、酚、铬等物质的含量。

对土壤的净化作用是因为园林植物的根系能吸收、转化、降解和合成土壤中的有害物质，也称为生物净化。土壤中各种微生物对有机污染物的分解作用，需氧微生物能将土壤中的各种有机污染物迅速分解，转化成二氧化碳、水、氨和硫酸盐、磷酸盐等；厌氧微生物在缺氧条件下，能把各种有机污染物分解成甲烷、二氧化碳和硫化氢；在硫磺细菌的作用下，硫化氢可转化为硫酸盐；氨在亚硝酸细菌和硝酸细菌作用下转化为亚硝酸盐和硝酸盐。植物根系能分泌使土壤中大肠杆菌死亡的物质，并促进好气细菌增多几百倍甚至几千倍，还能吸收空气中的一氧化碳，故能促使土壤中的有机物迅速无机化,不仅净化了土壤,还提高了土壤肥力。

(七) 通风防风

城市中的道路、滨河等绿带式的通风渠道,如与该地区夏季的主导风向一致,国内学者称这种绿地为"引风林",它将该城市郊区的气流引入城市中心地区,大大改善市区的通风条件。如果用常绿树在垂直于冬季的寒风方向种植成防风林,可以大大地减低冬季寒风和风沙对市区的危害。

由于建成区集中了大量的水泥建筑群和路面,在夏季受到太阳辐射增热很大,再加上城市人口密度大、工厂多,还有燃料的燃烧、人与动物的呼吸,因此气温会大大升高。如果城市郊区有大片绿色森林,其郊区的凉风就会不断向城市建筑地区流动,调节了气温,输入了新鲜空气,改善了通风条件。

(八) 降低噪声

由于大部分工业都集中在城市,加上城市繁忙的交通状况,产生了大量的噪声,对生活在城市中的人们产生了诸多的负面影响。当噪声的强度超过70dB(A)时,就会使人产生头昏、头痛、神经衰弱、消化不良、高血压等病症。据我国46个城市监测,1955年城市环境噪声污染相当严重,区域环境噪声等效声级范围为51.5~76.6dB(A),平均等效声级(面积加权)为57.1dB(A),较1994年略有降低。道路交通噪声等效声级范围为67.6~74.69dB(A),平均等效声级(长度加权)为71.5dB(A),与上年次基本持平,其中34个城市平均等效声级为70dB(A)。2/3的交通干线噪声超过70dB(A)。特殊住宅区噪声等效声级全部超标,居民文教区超标的城市达97.6%,一类混合区和二类混合区超标的城市均为86.1%,工业集中区超标的城市为19.4%,交通干线道路两侧超标的城市为71.4%。而绿色树木对声波有散射、吸收作用,如40m宽的林带可以减低噪声10~15dB(A);高6~7m的绿带平均能减低噪声10~13dB(A);一条宽10m的绿化带可降低噪声20%~30%,因此,它被称为"绿色消声器"。

进一步研究表明:阔叶树木树冠,约能吸收到达树叶上噪声声能的26%,其余74%被反射和扩散。没有树木的高层建筑街道的噪声,要比有树木的人行道高5倍。这是因声波从车行道至建筑墙面,再由墙面反射而加倍的缘故。人行道在夏季叶片茂密时,可降低噪声7~9dB(A),秋季可降低3~4dB(A)。

第二章 绿化工程的历史及发展

一、中国古典园林绿化工程发展概况

中国古典园林历史悠久,从公元前 11 世纪的奴隶社会末期开始直到 19 世纪末叶封建社会解体为止,在三千余年漫长的发展过程中,经历了生成期(殷、周、秦、汉)、转折期(魏、晋、南北朝)、全盛期(隋、唐)、成熟期(宋、元、明、清初)和成熟后期(清中叶、清末)等五个历史时期,积淀了深厚的历史文化,以其独特的民族风格、丰富多彩的内容和高度的艺术水平而闻名于世。与西方古典园林排斥自然、追求图案化的理念不同,受儒家"天人合一"思想的影响,中国古典园林追求"虽由人作,宛自天开",以"自然者为上品之上",讲究"可行、可望、可游、可居"。在这种思想的影响下,中国古典园林形成了与西方古典园林迥然不同的植物造景风格。本节主要介绍中国古典园林中的两大主要类型——皇家园林和私家园林的绿化工程发展情况。

(一)皇家园林

1. 生成期

中国皇家园林的历史最早可以追溯到公元前 11 世纪殷纣王修建的"沙丘苑台"和周文王修建的"灵囿",它们虽未完全具备皇家园林的性质,却是皇家园林的前身。其中,囿起源于帝王的狩猎活动,在自然环境的基础上,挖池筑台,因此囿内一般树繁草茂,野兽众多,其观赏的主要对象是动物,植物则偏重实用价值,观赏的功能尚在其次。《孟子》有云"文王之囿,方七十里","刍荛者往焉,雉兔者往焉,与民同之"。到东周时,园林中的观赏对象从动物扩展到了植物、宫室甚至是周围的自然山水,树木花草以其美姿而开始成为造园的要素。

真正意义上的皇家园林开始出现于秦始皇灭六国、统一天下以后。从这时起,直至东汉末年,皇家园林成为当时造园活动的主流。其中最著名的上林苑,经过秦汉两代的修葺和扩建,成为了中国历史上最大的一座皇家园林。它是一个范围极其辽阔的天然山水环境,囊括了长安城的东、南、西的广阔地域,关中八水流经其中，苑内地形复杂，天然植被相当丰富。此外，还由人工栽植了大量的树木、花草和水生植物。见于文献记载的树木有松、柏、桐、梓、杨、柳、榆、槐、檀、楸、柞、竹等用材林，桃、李、杏、枣、栗、梨、柑橘等果木林以及桑、漆等经济林。还从各地引进新的品种，《西京杂记》卷一提到汉武帝初修上林苑时，群臣远方进贡的"名果异树"就达三千余种之多。其中从南方移栽的品种有菖蒲、山姜、甘蔗、留求子、龙眼、荔枝等，从西域引进的品种有葡萄、安石榴等。为了保证个别南方植物在苑内成活，还配备温室栽培的设施。可以说，这一时期皇家园林的绿化以利用自然环境中的植物为主，配以部分人工栽培种类，但其主要功能是作为生产基地，观赏功能尚在其次。

2. 转折期

魏、晋、南北朝时期，社会动荡、战争频繁，儒、道、佛、玄诸家争鸣，在士大夫知识分子中形成了"寄情山水、崇尚隐逸"的社会风尚，人称"魏晋风流"。这种思想启导着知识分子对大自然山水的再认识，人们对自然美的鉴赏取代了过去受儒家"君子比德"思想影响而形成的对大自然所持的神秘、功利和伦理的态度，通过各种寄情山水的实践活动，去深化对自然美的认识，去发掘和感知自然风景构成的内在规律。这就带来了山水风景的大开发和山水艺术的大兴盛。越来越多的优美自然生态环境作为一种无限广阔的景观被利用而纳入人的居住环境，自然美和生活美相结合而向着环境美转化。中国古典园林进入转折期。

这一时期的皇家园林规模变小，其狩猎、求仙、通神的功能基本消失，生产和经济运作已很少存在，游赏活动成为主导的甚至是惟一的功能。规划设计趋于精密细致，植物配置多为珍贵的品种，但在时代美学思潮的影响下，还或多或少地透露一种"天然清纯"之美。东晋简文帝入华林园云："会心处不必在远，翳然林木，便自有濠濮间想也，觉鸟兽禽鱼自来亲人。"北魏洛阳的华林园历经曹魏、西晋直到北魏的二百余年的不断建设，成为当时北方一座著名的皇家园林。根据文献记载，大致推断其布局示意图如图2-1。

"景初元年（公元235年）……起土山于芳林园（后改名为华林园）西北陬，使公卿群僚皆负土成山，树松竹杂木善草于其上，捕山禽杂兽置其中。"（《三国志·魏书·明帝纪》）

"迁骁骑将军，领华林诸作。……徙竹汝、颍，罗莳期间……树草栽木，颇有野致，世宗（宣武帝）心悦之。"（《魏书·恩倖列传》）

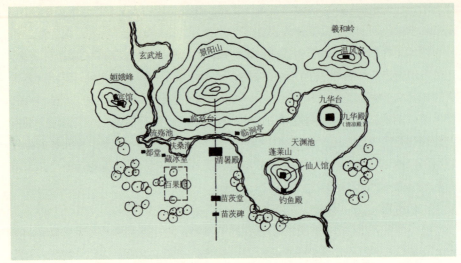

图 2-1　北魏洛阳华林园平面设想图（摹自《中国古典园林史》）

"（翟）泉西有华林园……景阳山南有百果园，果列作林，林各有堂。有仙人枣，长五寸，……霜降乃熟，食之甚美。……又有仙人桃，其色赤，表里照彻，得霜即熟。"（《洛阳伽蓝记·城内》）

"渠水又东，枝分南入华林园……其中引水，飞皋倾澜，……声溜潺潺不断。竹柏荫于层石，绣薄丛于泉侧，微飔暂拂，则芳溢于六空，入为神居矣。"（《水经注·穀水》）

3. 全盛期

隋唐时期，中国复归统一，意识形态上儒、道、释共尊而以儒家为主，儒学重新获得正统地位，中国封建社会达到兴旺发达的巅峰。

文学艺术在发扬汉民族传统的基础上，吸收其他民族和国家的养分而同化融糅，呈现群星灿烂、盛极一时的局面。山水画趋于成熟，并开始影响园林，诗人、画家直接参与造园活动，园林艺术开始有意识地融糅诗情画意。观赏植物栽培的园艺技术也有了很大进步，培育出许多珍稀品种如牡丹、琼花等，也能够引种、驯化、移栽异地花木。还有很多文献提到了许多具体的栽培技术，如嫁接法、灌浇法、催花法等。在这样的历史、文化背景下，中国古典园林达到了全盛期。

这一时期的皇家园林集中建置在长安、洛阳两地。数量和规模都远远超越了魏、晋、南北朝时期，充分显示了"万国衣冠拜冕旒"的泱泱大国气概。皇家园林的建设趋于规范化，大体上形成了大内御苑、行宫御苑和离宫御苑三大类别。大内御苑紧邻宫廷区，呈宫、苑分置的格局，彼此之间还相互穿插、延伸。西京长安的太极宫宫城和皇城内广种松、柏、桃、柳、梧桐等树木。有诗为证："宫松叶叶墙头出，柳带长条水面齐"，"阴阴清禁里，苍翠满青松"，"千条弱柳垂清锁"，"春风桃李花开日，秋雨梧桐落叶时"等等。东内大明宫呈前宫后苑的格局，但苑林区内分布着不少宫殿、衙署，宫廷区的庭院内种植大量松、柏、梧桐，甚至还有果树。《新唐书·契苾何力传》载：唐高宗龙朔三年（公元663年），管理宫廷事务的官员梁修仁于新作之大明宫中"植白杨树于庭"，谓"此木易成，不数年可庇"。适逢左卫大将军契苾何力入大明宫参观，诵古诗"白杨多悲风，萧萧愁煞人"，修仁闻后立即命令拔去，"更植以桐"。可见宫廷区内的绿化种植很受重视，树种也是有所选择的。

兴庆宫

兴庆宫又叫做"南内"，唐玄宗继位后，将其原来的藩邸扩建为兴庆宫。北半部为宫廷区，南半部为苑林区，成北宫南苑的格局，其中苑林区相当于大内御苑的性质。

苑林区面积稍大于宫廷区，苑内林木蓊郁，楼阁高低，花香人影，景色绮丽。整个苑林区以龙池为中心，池面略近椭圆形。池中植荷花、菱角、鸡头米及藻类等水生植物，南岸有草树丛，叶紫而心殷名"醒酒草"。池西南地"花萼相辉楼"和"勤政务本楼"是苑林区内的两座主要殿宇，楼前围合的广场遍植柳树。

龙池之北偏东堆筑土山，上建"沉香亭"。亭周围的土山上遍种红、紫、淡红、纯白诸色牡丹，是为兴庆宫内的牡丹观赏区。唐玄宗的宠妃杨玉环特别喜欢牡丹，因而兴庆宫以牡丹花之盛而名重京华。

西苑

隋代兴建的西苑是历史上仅次于西汉上林苑的一座特大型皇家园林。唐代改名东都苑。西苑是一座人工山水园，根据文献记载，园内的筑山、理水、植物配置和建筑营造的工程极其浩大，都是按既定的规划进行的。

据《大业杂记》：园内设十六院，供四品夫人及美人居住。院内"庭植名花，秋冬即剪杂彩为之，色渝则改著新者；其池沼之内，冬月亦剪彩为芰荷"。"杨柳修竹，四面郁茂，名花美草，隐映轩陛。"花树丛中点缀各式小亭。"每院另置一屯……其中内备养乌孳,穿池养鱼,为园种蔬、植瓜果,肴膳水陆之产,靡所不有。"

隋炀帝兴建西苑时,"诏天下境内所有鸟兽草木驿至京师,天下共进花木鸟兽鱼虫莫知其数"。六年后,苑内已是"草木鸟兽繁息茂盛,桃蹊李径翠阴交合,金猿青鹿动辄成群"。为了便于皇帝游园,"自大内开为御道直通西苑,夹道植长松高柳"。足见苑内绿化工程之浩大,且树木花卉绝大部分是从外地移栽的。

西苑不仅是复杂的艺术创作,也是庞大的土木工程和绿化工程。它在设计规划方面的成就具有里程碑意义,它的建成标志着中国古代园林全盛期的到来。

华清宫

华清宫在今西安城以东35km的临潼县,南倚骊山之北坡,北向渭河。秦始皇始建温泉宫室,名"骊山汤",汉武帝又加修葺。隋代"又修屋宇,列树松柏千余株"。唐时扩建并改名为华清宫。宫廷区与骊山北坡的苑林区相结合,形成了北宫南苑格局的、规模宏大的离宫御苑。它的规划布局以首都长安为蓝本。

苑林区以建筑物结合于山麓、山腰、山顶的不同地貌而规划为各具特色的许多景区和景点。山麓分布着若干以花卉、果木为主题的小园林兼生产基地,如芙蓉园、粉梅坛、看花台、石榴园、西瓜园、椒园、东瓜园等。苑林区在天然植被的基础上,还进行了大量的人工绿化种植,"天宝所植松柏,遍满岩谷,望之郁然"。不同的植物配置更突出了各景区和景点的风景特色,所用品种见于文献记载的有松、柏、槭、梧桐、柳、榆、桃、梅、李、海棠、枣、榛、芙蓉、石榴、紫藤、芝兰、竹子、旱莲等将近三十多种,因此,骊山北坡通体花木繁茂,如锦似绣。

4. 成熟期

两宋时,中国古典园林进入成熟期的第一个阶段。这一时期,中国的政治、经济、文化都处在一个重要的转化阶段。文化的发展在一种向内封闭的境界中实现着从总体到细节的不断自我完善。文化艺术已由面上的外向拓展转向于纵深的内在发掘,其所表现的精微细腻程度是汉唐所无法企及的。文人士大夫的造园情绪高涨,民间的造园活动大为开展,从帝王到普通百姓,都开始大兴土木、广造园林。同时,园林观赏树木和花卉的栽培技术较前代又有所提高,已出现嫁接和引种驯化的方式,进一步促进了园林植物配置的发展。而园林作为一个体系,内容和形式趋于定型,造园的技术和艺术达到了历来的最高水平,形成中国古典园林发展史上的一个高潮阶段。

宋代的皇家园林集中在东京和临安两地，其规模和气魄远不如隋唐，但规划设计则趋于清新、精致、细密。园林的内容较之隋唐要少皇家气派，更多地接近于私家园林。东京的皇家园林主要有琼林苑、玉津园、金明池、宜春苑、延福宫和艮岳；临安的皇家园林主要有后苑、玉壶园、屏山园、玉津园、南园等。其中，艮岳代表了宋代皇家园林的风格特征和宫廷造园艺术的最高水平。

艮岳

政和七年（公元1117年），宋徽宗听信道士之言，"命户部侍郎孟揆于上清宝箓宫之东筑山象余杭之凤凰山，号曰万岁山，既成更名曰艮岳"。因其在宫城之东北角，按八卦的方位，以"艮"名之。筑山同时凿池引水，又建造亭阁楼观，栽植奇花异树。宋徽宗精于书画，亲自参与建园工作，具体主持工程的梁师成也很有才华，使得艮岳具有浓郁的文人园林意趣。经过五六年的经营，到宣和四年（公元1122年）终于全部建成。艮岳的规模不算太大，但在造园艺术方面的成就却远迈前人，成为历史上最著名的皇家园林之一，具有划时代的意义。其构想平面图如图2-2。

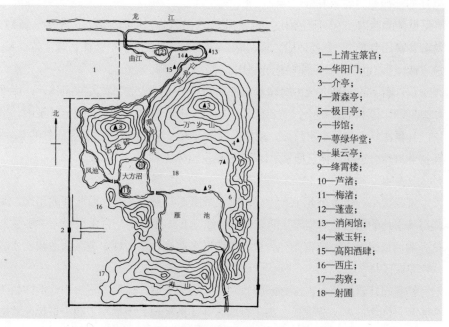

图2-2 艮岳平面设想图（摹自《中国古典园林史》）

1—上清宝箓宫；
2—华阳门；
3—介亭；
4—萧森亭；
5—极目亭；
6—书馆；
7—䔰绿华堂；
8—巢云亭；
9—绛霄楼；
10—芦渚；
11—梅渚；
12—蓬壶；
13—消闲馆；
14—漱玉轩；
15—高阳酒肆；
16—西庄；
17—药寮；
18—射圃

艮岳的植物配置较之前代更为专业。园内植物已知的类型有数十个，包括乔木、灌木、果树、藤本植物、水生植物、药用植物、草本花卉、木本花卉以及农作物等，其中不少是从江、浙、荆、楚、湘、粤引种驯化的，宋徽宗亲自写的《艮岳记》中记载的有："枇杷、橙、柚、柑、榔、栝、荔枝之木，金蛾、玉羞、虎耳、凤尾、素馨、渠那、茉莉、含笑之草"。它们漫山遍野，连绵不断，甚至有种在栏槛下面、石隙缝里的，几乎到处都被花木淹没。植物配置方式有孤植、丛植、混交，大量的则是成片栽植。《枫窗小牍》记华阳门内御道两旁有丹荔八千株，有大石曰"神运"、"昭功"立其中，"旁植两桧，一天矫者名'朝日升龙之桧'，一偃蹇者名'卧云伏龙之桧'，皆玉牌金字书之"。万岁山南麓"植梅数万，绿萼承跗，芬芳馥郁"。园内按景分区，许多景区、景点都是以植物之景为主题，如：植梅万本的"梅岭"，在山岗上种丹杏的"杏岫"，在叠山石隙遍栽黄杨的"黄杨巘"，在山岗险奇处丛植丁香的"丁嶂"，在赭石叠山上杂植椒兰的"椒崖"，水畔种龙柏万株的"龙柏陂"，万岁山西侧的竹林"斑竹麓"，记忆海棠川、万松岭、梅渚、芦渚、萼绿华堂、雪浪亭、药寮、西庄等。因而到处郁郁葱葱、花繁林茂。

　　艮岳的西南部有两处园中之园：药寮、西庄。前者种植"参术、杞菊、黄精、芎䓖，被山弥坞"；后者种植"禾、麻、菽、麦、黍、豆、秔、秫，筑室若农家，故名西庄"，也作为皇帝演耕礼的籍田。

　　元、明、清初是中国古典园林成熟期的第二阶段。这一阶段的园林，在传承和发展两宋园林的基础上，有自己新的特点。由于封建统治权力的绝对集中，皇家园林再次转向表现皇家气派，规模又趋于宏大，且更多地吸收私家园林的养分，保持大自然生态的"林泉抱素之怀"，给皇家园林注入了新鲜血液。

畅春园

　　康熙二十三年（公元1684年），康熙帝南巡归来后在北京西北郊的东区、明代皇帝李伟的别墅"清华园"的废址上，修建了一座大型人工山水园——畅春园。这是明清以来第一座离宫御苑，也是明清以来首次较全面地引进江南造园艺术的一座皇家园林。

　　畅春园建筑疏朗，大部分园林景观以植物为主调，保留了不少明代旧园留下的古树，园中花木十分繁茂。高士奇所著《蓬山密记》中描写了园中植物配置的情况："随至渊鉴斋……又至斋后，上指示所种玉兰腊梅，岁岁盛开。时菉竹两丛，猗猗青翠，牡丹异种开满阑槛间，国色天香人世罕睹。左长轩一带，碧棂玉砌，掩映名花。……随上登舟，命臣士奇坐于鹢首，缓棹而进。自左岸历绛桃堤、丁香堤，绛桃时已花谢，白丁香初开，琼林瑶蕊，一望参差。黄刺玫含笑耀日，繁艳无比。……（蕊珠）楼下，牡丹益佳，玉兰高茂。上曰：闻今岁花开极繁。登舟沿西岸行，葡萄架连数亩，有黑、白、紫、绿及公领孙、瑓幺诸种，皆自哈密来。……少顷至东岸，上命内侍引臣步入山岭，皆种塞北所移山枫婆罗树，其中可以引绛，可以布帆。隔岸即万树红霞处，桃花万树今已成林。上坐待于天馥斋，斋前皆植腊梅。梅花冬不畏寒，开花如南土。……谕令且退，数日后再命尔来观。"足见园内花树之繁茂，不仅有北方的乡土花树，还有移自江南、塞北的名种，园林植物景观丰富多样。

平地起造的畅春园既显示了高度的人工造园的技艺水平和浓郁的诗情画意，又表现出一派宛若大自然生态的环境气氛。

5. 成熟后期

从清中叶乾隆朝开始，中国古典园林进入了成熟后期。它积淀了过去的深厚传统而显示中国古典园林的辉煌成就，是中国古典园林发展史上集大成的终结阶段。

乾、嘉两朝的皇家园林，无论园林建设的规模还是艺术造诣，都达到了中国古典园林后期发展史上的一个高峰。大型园林的总体规划设计有许多创新，全面地引进江南民间的造园技艺，形成南北艺术的大融糅，为宫廷造园注入了新鲜血液。

乾隆和康熙一样，保持着祖先的骑射传统，喜欢游历名山大川，对大自然山水林木怀着特殊的情感。他在《避暑山庄后序》中写到："若夫崇山峻岭，水态林姿；鹤鹿之游，鸢鱼之乐；加之以岩斋溪阁，芳草古木，物有天然之趣，人忘尘市之怀。较之汉唐离宫别苑，有过之而无不及也。"正是这样的园林观，造就了乾隆时期皇家园林的兴盛。在北京西北郊，已经形成了一个庞大的皇家园林集群，其中规模宏大的五座——圆明园、畅春园、香山静宜园、玉泉山静明园、万寿山清漪园，就是后来著称的"三山五园"。它们汇聚了中国风景式园林的全部形式，代表着后期中国宫廷造园艺术的精华。而离宫御苑中的承德避暑山庄建在塞外，和圆明园、清漪园一起被称为后期宫廷造园的三大杰作。此后，随着封建社会的没落和外国侵略军的掠夺，宫廷造园艺术逐渐趋于萎缩，由高峰跌落为低谷，从此一蹶不振。以下就以避暑山庄为例，介绍这一时期皇家园林绿化的特点。

避暑山庄

康熙四十二年（公元 1703 年），康熙帝在承德兴建了继畅春园之后第二座大型离宫御苑——"避暑山庄"。乾隆时期经过扩建，直到乾隆五十五年（公元 1790 年）才全部完工，前后历时八十多年。避暑山庄因独特的地理位置和造园艺术而驰名中外，是人文景观与自然景观巧妙结合的成功典范，也是我国现存最大的皇家园林。

山庄的总体布局按"前宫后苑"的规制，南面为宫廷区，包括三组平行的院落建筑群：正宫、松鹤斋、东宫（图 2-3）。宫廷区为肃穆庄严之地，正殿前只散植数十株油松，但在山庄门两侧各植一株国槐，自然雅致，既有等级森严气氛，又极富园林情调，与紫禁城的前朝全然不同。宫廷区的北部为后寝部分，是皇帝和后妃生活起居之所，植物配置随意自然、不拘一格，反映生活情趣。康熙有诗云："触目皆仙草，迎窗满地花"。正宫东面的松鹤斋内遍植油松，饲养仙鹤，乾隆时为其母居住，寓意松鹤延年。

图 2-3　宫廷区的肃穆气氛

山庄北面为广大的苑林区，可分为三个大景区：湖泊景区、平原景区、山岳景区。苑内植物景观所占比重很大，七十二景中有一半以上由植物成景或作主题。这与建园之初注意保护天然植被和后期的计划种植有密切关系。

湖泊景区面积不到全园的六分之一，但却集中了全园一半以上的建筑物，乃是避暑山庄的精华所在。

图2-4　承德避暑山庄湖泊景区

康熙在湖上建一堤三岛，堤名"芝径云堤"。岸边栽植了大量的柳树，但并非南方的垂柳，而是北方特有的旱柳。树干粗壮挺拔，浑厚古朴，枝繁叶茂，体现了朴实无华的特点。岛上的庭院内栽植油松，树干高大挺拔，叶色浓绿，体现塞外山庄的园林特色。水边种植各种水生植物，如荷花、菱角、浮萍、芦苇、蒲棒等，其中荷花种植最多（图2-4）。因此，山庄中有很多以荷花命名的景点，如"曲水荷香"、"观莲所"、"青莲岛"、"冷香亭"、"香远益清"等等。康熙帝对曲水荷香情有独钟，有诗云："荷气参差远益清，兰亭曲水亦虚名。八珍旨酒前贤戒，空设流觞金玉羹。"湖中第一大岛"如意洲"树木蓊郁，当年还栽植大量不同品种的花卉，如"金莲映日"附近的蒙古旱金莲，从江南引进的桂花、兰花，从四川引进的蜀葵以及盆栽小品等，无异于一个小花园了。康熙诗曰："正色山川秀，金莲出五台。塞北无梅竹，炎天映日开。"

平原景区位于湖泊景区的北部，东临园墙，西北依山，呈狭长的三角形地带，占地近千亩。东半部的"万树园"丛植虬健多枝的榆、柳、柏、槐等数千株，麋鹿成群奔逐于林间。西半部"试马埭"则是一片如茵的草毡，表现塞外草原的粗犷风光（图2-5、图2-6）。它与南面湖泊景区江南水乡的婉约情调并陈于一园之内，有着明显的"移天缩地在君怀"的政治意图，在皇家园林中比较罕见。万树园本来是河谷平原，水草丰沛，是当地的牧场。避暑山庄建造时，保留了这里古树参天、芳草覆地的原始自然生态。康熙帝将其东部开辟为农田和园圃，亲自参加耕耘，还移栽一些北京培育的优良稻种。平原上还种有从关外引进的麦、黍等，以及各种豆类、瓜、菜等，每到夏秋之际，满眼翠绿，果实累累。张廷玉有

图 2-5　广袤的草地　　　　　　　图 2-6　万树园麋鹿成群

诗云:"连畦特置双歧谷,亚架还悬五色瓜。"乾隆以后,农田园圃被废弃,万树园成为皇帝召见少数民族的王公贵族的政治活动中心。

山岳景区约占全园面积的三分之二,山形饱满、峰峦叠翠、连绵起伏,充分体现"避暑山庄"的"山庄"二字。由于土层厚且覆盖着郁郁葱葱的树木,山虽不高却颇有浑厚的气势。景区内当年尚保留着大片原始松树林。主要的山峪"松云峡"一带尽是苍翠的松树纯林,枝干挺拔、高耸入云。"梨树峪"种植大片梨树,形成"梨花伴月"一景。每当春季,梨花怒放,香气袭人,令人心旷神怡。夏季,由于植物茂盛、遮天蔽日,山谷内溪流潺潺,常年不断,避暑效果很好。秋季,山庄内景色极为丰富,树叶五彩缤纷,"北枕双峰"西北部的山岭上植有大片五角枫,枫叶红、黄、青相间,构成一幅幅色彩斑斓的立体画卷。

避暑山庄的植物配置,根据环境和地形,都恰到好处地发挥了植物的自然特性,同时追求古朴,创造了变化多样的景观。

(二) 私家园林

虽然中国古典园林在殷末周初就开始萌芽,但受经济条件的限制,最初的造园活动仅限于皇家,真正意义上的私家园林直到西汉初年才开始出现。《西京杂记》记述了汉武帝时茂陵富人袁广汉所筑私园的情况:"茂陵富人袁广汉,藏镪巨万,家僮八九百人。于北邙山下筑园,东西四里,南北五里,激水流注其中。构石为山,高十余丈,连延数里……奇树异草,靡不具植……广汉后有罪诛,没入为官园,鸟兽草木皆移入上林苑中。"可见,该园算得上是中国历史上有明确记载的第一座私家园林。

东汉时，除了建在城市及近郊的宅、第、园池之外，庄园也开始融入园林的成分，隐逸思想通过庄园这个载体，开始与园林发生直接关系，并一直影响着后来私家园林的发展。这一时期经典的私家园林是梁冀的"园圃"和"菟园"，开创了以自然风景为蓝本构筑假山的先河。

魏、晋、南北朝时期，在寄情山水的社会风尚的影响下，私家园林开始兴盛起来，出现民间造园成风、名士爱园成癖的情况。城市私园设计趋向精致化，规模趋向小型化。而庄园、别墅则受到知识阶层的青睐，开始由经济实体转化为园林概念。其所呈现的山居田园风光，经过文人诗文吟诵，逐渐出现一种包含着隐逸情调的美学情趣。这促成了后世山水艺术的大发展。

唐代，受官僚政治和社会经济繁荣的影响，隐逸发展成为"隐于园"，它直接刺激了私家园林的普及和发展，并催生出一种特殊的风格——士流园林。随着文人参与到造园的活动中，他们对人生哲理的体验和宦海浮沉的感怀也注入到造园艺术之中，使得士流园林所具有的清新雅致的格调得以进一步提升，更附着上一层文人的色彩，于是出现了"文人园林"。王维的"辋川别业"、卢鸿一的"嵩山别业"、白居易的"庐山草堂"和"浣花溪草堂"成为其中的代表作。白居易也成为历史上第一个文人造园家。他在《草堂记》中写到："白石何凿凿，清流亦潺潺；有松数千株，有竹千余竿；松张翠繖盖，竹倚青琅轩"，"环池多山竹野卉，池中生白莲、白鱼"。

到了宋代，重文轻武的社会风气，使得官宦士大夫经济优裕，更加促进了私家造园活动的大兴旺。文人园林更为成熟，形成了简远、疏朗、雅致、天然四大特点，促成了中国园林艺术继两晋南北朝之后的又一次重大升华。植物配置以大面积的丛植或群植为主，种类偏爱竹、梅、菊等。宋代人爱赏花，园林中还多种植各种花卉，和葱郁苍翠的树木一起，构成了既有天然野趣、又有生活气息的园林。

元、明、清初，士流园林全面"文人化"，文人园林涵盖了民间的造园活动，导致私家园林达到了艺术成就的高峰。受资本主义萌芽、工商业繁荣的影响，市民文化兴旺，市民园林也随之兴盛起来。它作为一种社会力量浸润于私家的园林艺术，又出现文人园林的多种变体。民间造园活动的广泛普及，并结合各地不同的人文自然条件，产生了各种地方风格的乡土园林。

从乾隆到清末，民间的私家造园活动遍及全国各地，在一些少数民族地区也有一定数量的私家园林建置，从而出现各种不同的地方风格。在众多的地方风格之中，江南、北方、岭南是比较成熟的，它们特点显著，造园艺术水平较高，完整保留下来的园林也较多。其中，江南、北方风格在元、明时期就已经形成了。入清以后，岭南风格异军突起，以珠江三角洲为中心，覆盖两广、福建、台湾等地。全国其他地方的造园活动几乎都受到这三个地方风格的影响，但仍能够结合各地的人文条件和自然条件，具有浓郁的乡土色彩，私家园林呈现一片百花争艳的景象，而江南、北方、岭南这三大地方风格则呈鼎峙的局面。它们集中反映了中国古典园林成熟后期民间造园艺术所取得的主要成就，也是这个时期私家园林的精华所在。

1. 江南园林

江南自宋、元、明以来，一直都是经济繁荣、人文荟萃的地区，再加上气候温暖湿润，河湖水网密布，具备营造园林的优越的人文条件和自然条件。私家园林建设兴旺发达，其数量之多、质量之高均为全国之首，在中国古典园林后期发展史上一直保持着与北方皇家园林并峙的地位。其分布范围为长江中下游的广大地区，但主要集中在扬州和苏州两地，因此两地的私家园林可视为江南园林的代表。

江南园林的园内水景极为丰富，花木繁茂，造园充分利用花木的季相形成四季不同的景色。江南盛产叠山石料（以太湖石和黄石两大类为主），用石叠山手法多样，技艺高超。园林建筑则从高度发达的江南民间乡土建筑中汲取精华，形式极富变化，个体形象玲珑轻盈，室内外空间通透。灰砖青瓦、白粉墙垣配以水石花木组成的园林图景，能很好地显示恬淡雅致有若水墨渲染画的艺术格调。由假山、花木、建筑围合而形成多空间的变化，为园林的组景创造了更多的有利条件，使得咫尺之地，仿佛无限深远。

江南气候温和湿润，花木生长良好，种类繁多。园林植物以落叶树为主，配植若干常绿树，再辅以藤萝、竹、芭蕉、草花等构成植物配置的基调，并充分利用花木生长的季节性构成四季不同的景色。花木往往是某些景点的观赏主题，园林建筑也常以周围的花木命名。讲究树木孤植和丛植的画意经营及其色、香、形的象征寓意，尤其注重古树名木的保护利用。

以下就通过一些实例来介绍江南园林绿化工程的特点。

第二章 绿化工程的历史及发展

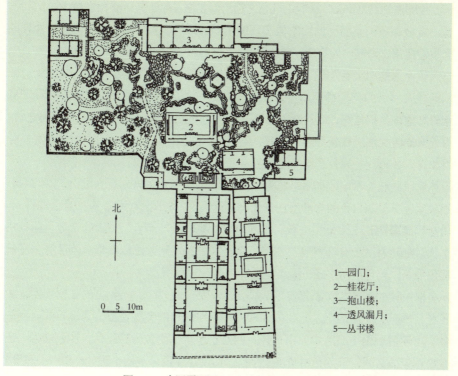

1—园门；
2—桂花厅；
3—抱山楼；
4—透风漏月；
5—丛书楼

图 2-7　个园平面图（摹自《中国古典园林史》）

个园

个园位于扬州新城的东关街，建于清嘉庆二十三年（公园 1818 年），是大盐商黄应泰在明代寿芝圃的旧址上扩建而成的宅园。园主人取"宁可食无肉，不可居无竹；无肉使人瘦，无竹使人俗"之意，命名为"个园"（图 2-7）。

据《个园记》记载："主人性爱竹，盖以竹本固，君子见其竹，则思树德之先沃其根；竹心虚，君子观其心，则知应用之势务宏其量……主人爱称曰'个园'。"园主人不但以竹建园，自己还别号"个园"，可见其对竹情之真、意之切（图 2-8）。

图 2-8　个园入口

个园占地约 0.6hm²，以假山堆叠之精巧而名重一时。其"春山宜游，夏山宜看，秋山宜登，冬山宜居"的四季假山环绕于园林四周，植物配置以竹为主，兼顾四季景观效果，做到"园之中，珍卉丛生，随候异色"，每季都有代表植物。

从宅旁的"火巷"进入，迎面一株老紫藤树，夏日浓荫匝地，倍觉清新。园门前左右两旁的花坛种满修竹，竹间散置石笋，取"雨后春笋"之意。正厅"宜雨轩"之南丛植桂花，取其谐音"贵"，意在欢迎贵人来园，表达主人的好客之情，因此宜雨轩又名"桂花厅"。院内花坛里除桂花之外，还配有迎春、芍药、海棠等春季花卉，形成一派春意盎然的景色。

正厅之北为水池，水池之北为"抱山楼"。楼西侧为太湖石大假山，高约 6m。褶皱繁密、呈灰白色的太湖石在日光照射下呈现各种阴影变化，有如夏天的行云。山上秀木繁阴，山腰蟠根垂萝、草木掩映，池内睡莲点点，山南的空地上还种植了大片的竹林。此外还种有广玉兰、紫薇和古柏，同时配植石榴、紫藤等，夏日浓荫如盖，花色艳丽，好一幅江南夏日风光。

抱山楼的东侧为黄石堆叠的大假山（图 2-9），高约 7m。山的正面朝西，黄石色泽微黄，夕阳西下之时，霞光映照，呈现醒目的金秋色彩，为全园的高潮部分。山间古柏出于石隙中。山顶建一四方小亭，亭南侧山势起伏、怪石嶙峋，还有松柏穿插其间，玉兰花树荫盖于亭前。山中还穿插幽静的小院、石桥、石室等。石室之外为一方洞天，中央小石兀立，其旁植桃树一株，赋予幽灵洞天一派生机。秋山植物以竹为主，半山腰配以古柏、黑松等，还种植了红枫、青枫等秋色叶树种，增添浓郁的秋日气氛。

园东南隅建置"透风漏月"厅，一侧有高大的广玉兰一株，东面为芍药台。厅前为半封闭小庭院，院内用宣石堆成一组雪狮图。一到此院，几枝斑竹便映入眼帘，"斑竹一枝千滴泪，竹晕斑斑点泪光"，冬季的凄惨悲凉之感油然而生。植物配置以岁寒三友中的竹和梅为主要材料，营造了一种"月映竹成千个字，霜高梅孕一身花"的美丽冬景。

图 2-9　个园黄石假山

"竹、石"作为个园的两大特色，

园内竹石小景随处可见,且步移景异,搭配得恰到好处,可谓是私家园林中的经典。

网师园

网师园位于苏州城东南阔家头巷,始建于南宋淳熙年间,当时取名"渔隐"。到清代乾隆年间归宋宗元所有,改名"网师园"。网师即渔翁,仍含渔隐的本意,都是标榜隐逸清高的。

网师园占地 $0.4hm^2$,平面略成丁字形,主景区居中,以水池为中心,建筑和景观沿水池四周安排(图 2-10)。水池略成方形,驳岸用黄石挑砌或叠成石矶,其上间植灌木和攀缘植物,四季有景可观。春有迎春、白玉兰,夏有睡莲,秋有桂花,冬有腊梅,更有松枝斜出水面,野趣横生。

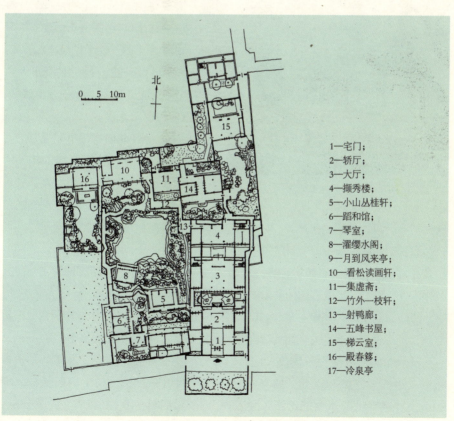

图 2-10　网师园平面图(摹自《中国古典园林史》)

图 2-11　小山丛桂轩

图 2-12　月到风来亭春色

园林南部的主要厅堂为"小山丛桂轩",取自庾信《枯树赋》中"小山则丛桂留人"一句。轩之南为狭长形小院落,沿南墙堆叠若干太湖石山坡,坡上丛植桂树,有大大小小几十株之多,再杂以腊梅、海棠、梅、南天竹、慈孝竹等,环境清幽静谧,具有"丹花间绿叶,锦绣相重迭"之美(图2-11)。

轩之北为体量较大的黄石假山"云岗",在主景区与小山丛桂轩之间形成一道屏障。沿假山点缀麦冬等草花,山上藤萝蔓挂,十足江南的韵味。轩之西北有一阁,名"濯缨水阁",取屈原《渔父》中"沧浪之水清兮,可以濯吾缨"之意。

沿游廊往北而行,中间建有"月到风来亭",是池西面风景的构图中心,取唐代韩愈"晚色将秋至,长风送月来"之意(图2-12)。在亭内可欣赏环池三面之景。金秋时节,明月当空、桂花飘香,让人倍觉清幽。

池北岸建筑较集中,"看松读画轩"与南岸的"濯缨水阁"遥相呼应。轩前的三合小庭院内置太湖石树坛,坛内栽植姿态苍古、枝干虬劲的罗汉松、白皮松、圆柏三株,好似一幅以古树为主景的天然图画。

园西面的正厅为"殿春簃",其南部有长方形庭院,院内当年辟作药栏,遍植芍药,每逢暮春时节,唯有此处"尚留芍药殿春风",厅也因此而得名。

网师园的植物配置与建筑、山石、堤岸、水面等紧密结合,注意苍劲柔和相融,讲究姿态韵味。如"竹外一枝轩"左侧植一黑松,树干斜曲扶疏,宛如黄山"迎客松",水面的倒影若隐若现,四周又间植迎春,初春时节花繁枝翠,煞是喜人。

留园

留园为我国四大名园之一,位于苏州阊门外,原为明代的"东园"废址。清嘉庆年间更名为"寒碧山庄"。光绪初年被大官僚盛康购得,加以改建扩大,更名留园,面积约 $2hm^2$(图 2-13)。

全园布局紧凑,结构严谨,厅堂华丽,庭院幽深,重门迭户,步移景异。它综合了江南造园艺术的精华,善于运用大小、曲直、明暗、高低、收放等变化。园林分为三个区,西区以山景为主,现已荒芜,中区和东区是全园精华所在,中区以山水见长,东区以建筑取胜。

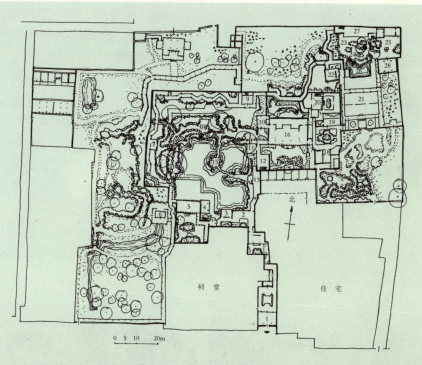

1—大门;2—古木交柯;3—绿荫;4—明瑟楼;5—涵碧山房;6—活泼泼地;7—闻木樨香轩;
8—可亭;9—远翠阁;10—汲古得绠处;11—清风池馆;12—西楼;13—曲谿楼;14—濠濮亭;
15—小蓬莱;16—五峰仙馆;17—鹤所;18—石林小屋;19—揖峰轩;20—还我读书处;
21—林泉耆硕之馆;22—佳晴喜雨快雪之亭;23—岫云峰;24—冠云峰;25—瑞云峰;26—浣云峰;
27—冠云楼;28—伫云庵

图 2-13 留园平面图(摹自《中国古典园林史》)

入园沿曲折的长廊，经过二重小院，转至"古木交柯"，它的北墙上开漏窗一排，隐约可见山池亭台。"古木交柯"原为清代寒碧山庄的十八景之一。沿墙素雅的明式砖砌花台中，原种一株明代古柏，无意花坛自己生出女贞一株，与古柏缠绕相生，交柯连理，故而得名，可惜年久古木早已不存，后补种百龄古柏一棵，但女贞已不复存在，现以南天竹、山茶代替，含义已不明确。

从古木交柯往西，到"绿荫"，中区之景已豁然开朗。这是留园中一个较大的山水景区，以水池为中心，西、北两面为山体，东、南两面为建筑。假山上桂树丛生、古木参天，与对岸"涵碧山房"隔水相望。山房后面的小庭院内，植牡丹、绣球等花木。

东区以建筑为主，小庭院或小天井空间内山石花木配置有所不同："五峰仙馆"前庭植翠竹，立峰石，后庭开敞，透过游廊借隔院之景；揖峰轩前怪石罗列，花木满院。小天井内点缀芭蕉竹石、悬萝垂蔓，以粉墙为底、窗洞为框，构成一幅幅立体小品。

园内既有以山池花木为主的自然山水空间，也有各式以建筑为主或建筑、山水相间的大小空间——庭院、天井等，园林空间之丰富，为江南诸园之冠。大的山水空间植物种类丰富，且常常围绕假山和水池进行配置，小庭院、小天井等多以粉墙配几株姿态苍劲的古树和小草花为主，表现江南园林精致、婉约的特点（图2-14、图2-15）。

2. 北方园林

中国古代园林发展到后期所形成的一个以北京为中心的地方风格。北京是辽代古都和金、元、明、清四代建都之地，在坊内、近郊、远郊和京畿先后建置了

图2-14 留园小蓬莱

图2-15 冠云峰

大量的皇家园林。北京又是官僚、贵戚集中的地方，世居本地者子孙繁衍、分宅而居，外省的大员、王公也都要在北京兴造邸宅，而为宅必有园。这类王府花园的数量很多，成为北京私家造园活动的主流。此外，也有富商、地主、文人建置的园林，但数量不如前者多。由于这种特殊的人文条件，园林的布局较注重仪典性的表现，规划上运用轴线、对景线的情况较多。园内空间划分较少，整体性较强，不如江南私家园林之曲折多变。再加上北京冬季寒冷，建筑形象比较厚重、敦实，别具一种刚健之美。叠山用石以当地所产的青石和北太湖石为主。堆叠技法亦属浑厚格调，颇能表现幽燕沉雄气度。尽管北方园林不断地从江南园林汲取创作的养分，甚至直接延聘江南造园匠师，引进江南造园手法，但受到当地人文和自然条件的影响，浑厚凝重的地方风格仍十分突出。

植物配置方面，观赏树种比江南少，尤其缺乏阔叶常绿树和冬季花木。松、柏、杨、柳、榆、槐和春、夏、秋三季更迭不断的花灌木（如丁香、海棠、牡丹、芍药、荷花等），构成了北方私家园林植物造景的主题。每到隆冬，树木落叶，水面结冰，颇具萧索寒林情趣。以下仅以萃锦园为例来具体介绍北方私家园林绿化的特点。

萃锦园

萃锦园即恭王府后花园，位于北京西城区前海西街，是一座具有王府特色的北方古典私家园林。它的前身为乾隆年间权相和珅的宅邸。后咸丰皇帝将其赐予其弟恭亲王奕欣，称为恭王府。它不同于一般的宅园，既有皇家园林的古木葱茏，又具有江南园林的曲径通幽，是一处集合了皇家园林与江南私家园林的各种特点，同时又具有很大独特性的北方王府园林。

园占地约 $2.7hm^2$，分为中、东、西三路。中路结构严整，以建筑为主，列大型厅堂，形成全园的南北向轴线，并与府邸的中轴线重合。东西两路布局灵活自由，前者以院落为主，曲折多变；后者以水景取胜，环绕山石古木。花园四周环以土山，古木参天，郁郁葱葱，作为园界分隔内外空间。

入园中路南门，东西两侧分列"垂青樾"、"翠云岭"两座青石假山。奕䜣之子载滢在他的诗集《补题邸园二十景》里描写垂青樾为二十景之一："进山数武，植架槐数本，枝柯纠缦，俨然棚幕。每当夏日，憩坐其下，觉清风时至，炎夏全忘，且杂卉满山，绿云裾地，尤能动我吟怀。"秋季"鸭蝉曳秋风，黄花落如雨"。两山之间便为"曲径通幽"，小路随山石迂回婉转，主要植物有松、槐、竹，尤以竹居多，在径转角孤植一丛，或在径两边对植两排，形成"遥望山亭水榭，隐约长松疏柳间"的静谧雅致的环境。穿过曲径通幽,左侧为"樵香径",右侧为"沁秋亭"。樵香径地势较高,其上林木茂密,以侧柏、国槐、构树、紫丁香为主。其间小径狭窄,迂回曲折,植物多自然散点式布置,如小径两侧对植国槐、山石边点缀油松等。还配以大量草本花卉,如兰、芷、蓬蒿等,作花境或丛植点缀山石。沁秋亭之东为"蓺蔬圃",背山向阳,"爱树以短篱,种以杂蔬,验天地之生机,偕庄田之野趣",好一派田园风光。

中路往北是"安善堂",为萃锦园的主体建筑之一。堂前水池名曰"蝠河",池边点缀榆树数棵。再往北是花园的核心部分,有连廊围合,中心筑太湖石大假山"滴翠岩",石壁上遍生青苔,苍翠欲滴,正如载滢诗序中写到的:"每风幽山静,暮雨初来,则藓迹云根,空翠欲滴。"同时还植有一些藤本蔓性植物,更显古朴。假山上建敞厅"绿天小隐",为全园制高点。登临览胜,但见苍痕叠翠,古树参天,有诗云"乔木转深沉,浓阴环翠盖"、"茂林蓊郁,翠蔓蒙络"。山后为第三进院落,靠北建置后厅,名"蝠厅"。厅前假山障景,多种灌木栽植其上。厅后,有竹林围绕。转角处有两个凹形空间,各植梧桐一株,与建筑结合宛若一体(图2-16)。

图2-16 绿萦绕的爬山廊

图2-17 水池边杨柳依依

萃锦园东路建筑比较密集,往北依次为"牡丹院"、大戏楼和"芭蕉小院"、"梧桐院"。牡丹院被十字甬道分割成4块花圃,栽有牡丹、芍药,配有花架,上攀紫藤。芭蕉小院呈长方形,由建筑和回廊围合而成,现内设5个矩形种植池,植芭蕉和紫薇。梧桐院内现规整式栽植2排梧桐。

园西路以水景和山林景观取胜(图2-17)。中心为大水池,其上建"诗画舫"。载滢写到"取古人画舫之意,以陆为舟,以坐当游"。此处的植物配置已与当年迥异。水池北岸为"澄怀撷秀"堂,当年堂前有8棵粗大的西府海棠和一株紫丁香。水池南面为一处城墙关隘,名"榆关",隐喻恭王的祖先从此入主中原、建立清王朝基业,植物以榆树居多。此景乃是中国传统园林中典型的"移天缩地在君怀"的艺术手法。榆关往西为山林区，其间小径迂回曲折。载滢诗中记载的多处景点现已不复存在。如"雨香岑"——"每当好雨轻风，则落成红阵"；"吟青霭"——"山高松如画，松密山自深。曲径闷烟霭，蒙蒙萝薜阴"；"凌倒景"——"左右碧桐修竹，结绿延青"等等。

萃锦园作为北方最具代表性的王府园林之一，汇集了中国古典造园艺术的精华。植物景观兼备皇家园林和江南私家园林的双重特征。首先运用了大量具有文化寓意的植物，借景抒情，如皇家园林中常用的松、柏、榆、槐、海棠、牡丹，以及江南园林中常用的翠竹、芭蕉等，既寓意兴旺不衰、富贵延年，又追求超凡脱俗和诗情画意。其次，利用单一植物材料组成专类植物景区，体现植物的群体美，如牡丹院、梧桐院、芭蕉小院等。这类小花园在江南园林中很常见，通常在尺度较小的空间内应用，用植物来点题。最后，通过植物配置营造多变的空间感。注重利用植物材料独特的空间特性，依靠枝叶的疏密、体态的高矮营造丰富的空间类型。选择体态高大或姿态直立的树种，配置在建筑、长廊两侧，或成排对植，或沿轴线列植。而小型院落空间，则配以体量适宜、姿态轻盈的树种，营造亲切怡人的氛围。

3. 岭南园林

岭南园林是中国古代园林发展到后期所形成的一个主要地方风格。它以珠江三角洲为中心，逐渐影响及于两广、福建和台湾等地。岭南园林的规模较小，其造园活动的主流是宅园，多为庭院和庭园的若干大小空间的组合，且往往连宇成片，遮荫效果好。园内叠山常用姿态嶙峋、皱折繁密的英石包镶，山体的可塑性强，形象丰富，给人以水云流畅的感受。小型叠山与小型水体相结合而成的水景，其尺度亲切而婀娜多姿，堪称岭南园林一绝。园林建筑由于当地气候炎热必须考虑自然通风，故形象上的通透开放更胜于江南，以装修的精致和壁塑、细木工雕见长。明清时期，岭南地近澳门，广州又是粤海关之所在，园林受西方的影响，不仅出现某些西方风格的细部和局部如西洋式的石栏杆、彩色玻璃和雕花玻璃，甚至整座的西洋古典建筑配以传统的叠山理水，饶有趣味。总体来说，建筑意味较浓，但不少存在体量偏大、楼房较多的问题，深邃有余而开朗不足。到清中叶以后，岭南私家造园活动日趋兴旺，在园林布局、空间组织、水石运用和花木配置方面逐渐形成自己的特点，终于异军突起而成为与江南、北方鼎峙的三大地方风格之一。

图 2-18　中心水池景观

植物配置方面，岭南地处亚热带，观赏植物品种繁多，园内一年四季花团锦簇，绿荫葱翠。其乡土树种有红棉、乌榄、仁面、白兰、黄兰、鸡蛋花、水蓊、水松、榕树等，乡土花卉有炮仗花、夜丁香类、鹰爪花、三角花、麒麟尾等，都是江南和北方没有的。除了亚热带花木之外，还大量引进外来植物。而老榕树大面积覆盖遮蔽的荫凉效果尤为宜人，亦堪称岭南园林一绝。由于庭院面积有限，一般采取孤植为主、片植为辅的种植方式，且蔬果类经济作物较多。

花卉草木普遍采用花池的布置形式。花池形状一般为几何形，具有极强的装饰性，并且常常与孤植结合在一起。较为宽阔的平庭常栽植一两株高大的树木，如榕树、白玉兰等，还有荔枝、龙眼、阳桃等果木，整个庭院空间因浓荫覆盖而清凉舒适。厅堂前的平庭院落，多种桂花、玉堂春、白玉兰等，取"金玉满堂"之意。别院平庭则常植蕉、竹、红棉、棕榈等。

岸边植树，喜用水松、沙柳等，挺立水际，萧疏苍劲。配合立石和石景，常用鸡蛋花、九里香、罗汉松、米兰，或用棕竹、竹丛作为衬托的材料。篱落多用观音竹、山指甲、藤萝架以及葡萄、金银花、夜香、秋海棠、炮仗花等。

以下就以粤中四大名园中的梁园和余荫山房为例，介绍岭南私家园林绿化的特点。

梁园

梁园位于佛山先锋古道，始建于清代嘉庆年间，是岭南著名书画家梁蔼如及其侄梁九华、梁九章、梁九图四人所营造的大规模私家园林，包括十二石斋、寒香馆、群星草堂、汾江草庐四部分，是粤中四大名园中占地最广的一处。

梁园布局精妙，宅第、祠堂与园林浑然一体，不落一般宅园的俗套。岭南式"庭园"空间变化迭出，格调高雅；造园组景不拘一格，追求雅淡自然、如诗如画的田园风韵；富于地方特色的园林建筑式式俱备、轻盈通透；园内果木成荫、繁花似锦，加上曲水回环、松堤柳岸，形成特有的岭南水乡韵味；尤以大小奇石之千姿百态、设置组合之巧妙脱俗而独树一帜（图 2-18）。园内精心构思了"草庐春意"、

"枕湖消夏"、"群星秋色"、"寒香傲雪"等以植物为主的春夏秋冬四景。此外，还有展示人文园林特质的"石斋寄情"、"幽居香兰"等植物造景精华片段。

在植物选择上，注重地方风格和传统观念，以常绿树为主，兼顾地方特色，优先考虑本土或在当地生长良好的植物（图2-19）。如乔木有罗汉松、龙柏、小叶榕、龙眼、芒果、棕竹、散尾葵、番木瓜、水蒲桃、番石榴、白兰、水杉、鸡蛋花等；灌木有桃花、福建茶、小叶女贞、棕竹等；竹类有青皮竹、小琴丝竹、佛肚竹、撑杆竹等；藤本有鹰爪花、三角花等；草本有香蕉等。品种丰富但各品种数量不多，较为精简。此外，植物在选择上还注重乡土的传统观念，在配置中选择一些当地的"风水树"、"风景树"。如在庭院一角种植被当地认为风水树的小叶榕作参拜；在正门口两侧种苏铁以避邪等。在植物形态上，选择具有古、奇、雅、稀特点的个体，如梁园入口选择了一棵树形虬曲的罗汉松和一块点景石相配作为入口主景观赏。此外，园中还选用了不少形态各具特色的桩景树种植或用作盆景，并选用了岭南独有的鹰爪花，充分显示了文人园造园者喜爱古、奇、雅、稀的审美情趣。

图2-19 浓郁的岭南水乡风情

在植物配置上充分发挥单株植物的色、香、姿的特点，作为庭园观赏的主题。如梁园梁家宅第入口处选用了一棵虬曲的罗汉松，后院天井选用一棵玉堂春，内天井则种几丛棕竹。"草庐春意"主要选用竹及其他花灌木；"枕湖消夏"用荷花、睡莲等水生植物来衬托。在石舫、水榭、运桥、景石旁种植了一些外形柔和、姿态自然的植物来柔化建筑物刚性的线条，丰富景观层次，如垂柳、花叶月桃、水鬼蕉、棕竹、散尾葵等。在配置时还充分考虑植物的生态习性，光线充足处种植鸡蛋花、玉堂春、番石榴等，水旁植杉、垂柳、水蒲桃等；而在阴暗地方种植棕竹、含笑等。围绕湖岸植垂柳，顺着土堤种植水松，形成梁园著名的植物景观"松堤柳岸"。园林植物保持自然形态，少有人工雕琢的痕迹。纵观全园，植物的运用在总体布局上以自然式构图，植物景观在组合上力求体现自然生态群落，植物个体的形态也以充分表现植物的生长规律、生态特征为主导，不作过多的人工修剪造型。

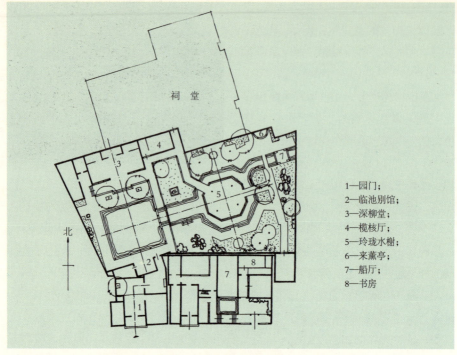

图 2-20 余荫山房平面图（摹自《中国古典园林史》）

1—园门；
2—临池别馆；
3—深柳堂；
4—榄核厅；
5—玲珑水榭；
6—来薰亭；
7—船厅；
8—书房

余荫山房

余荫山房，又称"余荫园"，坐落在广州市郊番禺南村，园主为大商人邬彬，始建于清同治年间，完整保留至今（图2-20）。

全园占地约 0.16hm²，面积虽小，但布局紧凑，小中见大，以一条游廊拱桥分为东、西两部分（图2-21）。园门位于东南角，进门是一个小天井，左边植腊梅花一株，从右面往北是二门，上贴对联："余地三弓红雨足；荫天一角绿云深"。点出"余荫"之意。

图 2-21 小巧玲珑的虹桥

进入二门，便是园林的西半部。结石为池，略呈方形，内植荷花。池北为正厅"深柳堂"，堂前的月台左右各植炮仗花树和老榆树一株，古藤缠绕，花开时宛如红雨一片。池南为"临池别馆"，与正厅相对，一简一繁，构成西半部的南北轴线。水池左边的围墙采用夹墙做法，夹墙之中满植青竹，称为"夹墙竹"，竹叶碧翠，庭园犹如置于绿云深处。

东半部面积较大，中央为八边形水池，水池正中建置八边形建筑"玲珑水榭"，八面开敞，可以环眺八方之景。水边还点缀以"孔雀亭"、"来薰亭"等形式各异的建筑小品。沿园南墙和东墙堆叠小型英石假山，周围植竹丛，犹如雅致的竹石画卷。

园南部是一座稍小的书斋"愉园"，为一系列小庭院的复合体，以一座船厅为中心，厅左右的小天井内散置花木水池，构成小巧精致的景观。园北面均安堂门外植有两株酸阳桃树，与堂内的龙眼树、紫荆花树呼应，取"子孙成龙"之意。

余荫山房的总体布局很有特色，水池的规整几何形状受到西方园林的影响。园内植物繁茂，几乎全年常绿，花开似锦。

二、中国现代园林绿化工程概况

城市园林绿化建设是国土绿化的重要组成部分，也是城市现代化建设的重要内容。园林绿化作为改善城乡生态环境、美化环境的重要工程，被列为对国民经济发展具有全局性、先导性影响的基础性行业之一，成为现代城乡建设的工作重心的一部分。

20世纪五六十年代，我国的国民经济处于恢复阶段，这一时期我国的园林绿化工作基本上属于保护、整修和维持原状的状态。20世纪70年代末，国家提出了绿化必须"连片成团，点线面相结合"的方针，园林绿化工作进入快速发展阶段。

20世纪80年代以后，在总结过去30年工作经验的基础上，国家提出了北方以天津为代表的"大环境绿化"，南方以上海为代表的"生态园林绿化"。1992年起，建设部在全国开展创建园林城市活动，截至2006年，已批准国家园林城市（城区、县城）111个。

进入21世纪以来，随着我国国民经济的快速发展，国内园林绿地面积也逐年扩大，城市绿化继续保持健康发展。截至2005年末，城市建成区绿化覆盖面积106.0万hm^2，比上年增长10.16%。建成区绿化覆盖率由上年的31.66%上升至

32.64%。全国拥有城市公共绿地面积28.4万hm²,比上年增加3.1万hm²;城市人均拥有公共绿地7.91m²,比上年增加0.52m²。这些绿地在美化城区环境、改善空气质量等方面发挥了积极的作用。

为了全面了解中国现代园林中绿化工程的情况,本节就从以下三个方面分别进行介绍。

(一) 现代园林中绿化对环境的影响

以城市为例,城市化的加剧带来了一系列生态环境问题,如交通拥挤、空气污染、水资源短缺、噪声污染严重、垃圾危害严重等。在严峻的问题面前,过去简单传统的"小桥流水"式的园林绿化无法解决城市生态平衡的破坏问题,园林绿化必须着眼于整个城市生态的改善,要根据生态学原理把自然生态系统改造、转化为人工的并高于自然的新型园林绿地生态系统,即向"生态园林"的方向发展,这才是现代园林绿化的主要任务。因此,从这一点来说,现代园林在很大程度上类似于生态园林的概念。

关于园林绿化对环境的作用在第一章中已详细介绍过,在此不再赘述,以下主要以这几年国内兴建的著名的园林绿地为例,介绍现代园林中绿化对环境的影响。

上海徐家汇公园

徐家汇公园是一座免费开放的现代城市公园,地处上海繁华的徐家汇商业区中心地段,东接宛平路,西靠天平路,南临肇嘉浜路,北至衡山路,基地形态呈梯形,总占地面积约为8.4hm²(图2-22)。一期地块原为大中华橡胶厂,二期地块在解放前为

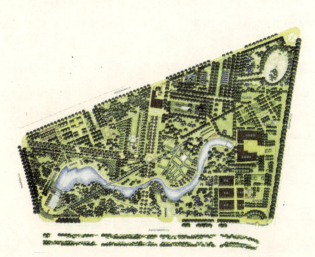

图2-22 徐家汇公园平面图(图片来源:《上海园林绿地佳作》)

中国唱片公司，三期地块原为居民区。

公园设计坚持以"人和自然和谐共存"为原则，创造城市与自然有机融合的生态环境，建成独具文化内涵及人性化的城市绿色空间，并将殖民地时期遗留的建筑多元风格与上海特色完美统一。

徐家汇公园作为向社会公众开放的大型绿地，需对其环境空间进行适当的功能分区，动静结合；绿化以乔木林区为主，配以灌木、草地、水景等，形成相对稳定的植物群落；利用周边道路高差，造出高低起伏的地形，并建造地下车库等；规划一定面积的休闲景观建筑，室内露天相结合，满足各个阶层人们的活动需求。

其绿化设计颇具生态理念，通过后现代主义的设计方法体现植物多样性，优化人工群落，构成层次丰富、生态效应好的复合生态空间，表现了典雅、野趣、宁静、动态等特色，自然而不失章法。

肇嘉浜路、天平路入口广场以表现春景为主，布置各种木兰科植物，再配以马褂木、紫薇、海棠、垂柳等，并保留了原工厂的大烟囱，使其成为历史的见证。临近天平路一侧主要表现秋景，配置各种秋色叶树种，如黄连木、栾树、火炬漆、红枫等，再用香樟、女贞等常绿树作陪衬，形成一派疏林草地的宜人景观。ART DECO风格区原有该风格的西方构筑物，由原始线条和纯净的色彩构成，因此植物配置追求简洁、明朗，乔木成行成排布置，种类主要是棕榈、加拿利海枣等，下木较少。河滨绿化以营造自然气息为主，配以鸢尾、睡莲等水生植物。中心区域的绿化以保留古城风貌为主，点缀上海乡土树种，如榔榆、苦楝等。衡山路一侧以悬铃木为林荫道，表现浓郁的法国风情和浪漫情调（图2-23、图2-24、图2-25）。

图2-23　几何风格的休闲广场

图2-24　自由式驳岸

图 2-25　法式风情的林荫道

徐家汇公园的建成,起到了该地区"绿肺"的作用,能够缓解、释放热岛效应,提高城市生态环境品质,开创了上海"三废"企业拔点和生态环境建设相结合的典范,取得了良好的生态效益、社会效益和经济效益。

徐家汇地区高楼林立,建筑总量达100万 m^2,空间拥挤;徐家汇广场连接上海城市主干道,又是上海西南的门户,交通繁忙,噪声污染较大;公园原址上建有"三废"污染企业,给商圈环境质量、居民生活带来了较大影响;该地区公共绿地面积只占总用地的1.12%,缺少市民休憩空间。徐家汇公园全部建成后,能改善地区环境。在市中心的重要区域可增加公共绿地 $8hm^2$,使徐汇区绿化覆盖率提高0.24%,徐家汇商圈地区提高2.42%。公园与肇嘉浜绿化带连为一体,大大增强了该绿化带的生态效应,大量的树木能清新空气、减低城市噪声、提高绿视率,有利于稳定情绪、消除疲劳,成为周围居民及办公族的首选休闲绿地。此外,也从客观上带动了这一地区房地产业品质的提高,带来的经济效益是巨大的。

上海延安中路绿地

延安中路大型公共绿地属于街道绿地,位于延安中路高架与南北高架交叉点的周边地块,东起普安路,西至石门路,北起大沽路,南至金陵路、长乐路,占地23 hm^2,共分七大块,分别坐落在黄浦、卢湾、静安三个区的交界处。绿地沿高架道路和地面道路向四方延伸,形成融会贯通、不可分割的整体。

绿地布局构思以"蓝"与"绿"为主题,用自然的地形、地貌,茂盛的树林灌丛,疏朗的草坪地被,潺潺的小溪流水,逼真的地质断层和奇妙的"绿色烟囱",营造出一幅绚丽多姿的城市绿色声音景观,以唤起人们保护水资源、保护植物生长空间的环保意识(图2-26、图2-27、图2-28)。

春之园:是整个绿地的起点,布局简洁开朗,以一片苍劲茂密的绿林为源头,中间是翠竹地带,以毛竹为主景,在起伏的地形间设置榉树、合欢、银杏等林下休憩区,坡上毛竹、桂花、香樟、合欢成片栽植。绿地中保留原来的西班牙式建筑。

感觉园：水与绿以较规则的方式展开，以浓密的绿化种植分割成一系列独立的空间，每个空间中以植物的色、香、形、质和排列组合形成轻松、趣味、惊奇的直觉、错觉、幻觉等感官上的不同体验。按人的五种感觉组成嗅觉园、触觉园、视觉园、听觉园、味觉园，并最终汇集成第六感觉——直觉园。嗅觉园以花灌木为主，按四季顺序排列组合，春季丁香、含笑，夏季栀子，秋季桂花，冬季腊梅。触觉园主要表现各种植物枝叶和岩石的质地和形状，让人领略植物世界的精彩奇妙，植物主要有厚皮香、黄杨、栀子花、桃叶珊瑚、南天竹、茶花、火棘、十大功劳等。视觉园通过植物材料的排列组合，成排种植水杉、珊瑚树等，使人产生纵深感、错觉感和幻觉感。听觉园通过树叶与枝条的风中摇曳摩擦发出的响声以及自然界的鸟类、昆虫等的啼鸣，给人宁静、安逸的听觉享受。味觉园通过使人对植物的各种果实产生想象来达到。直觉园通过对前五种感觉的沉思和回味，由感性认识上升到理性认识，只可意会不可言传，妙不可言。

地质园：地势呈四面向中央倾斜，主景位于北侧，以常绿树为背景，瀑布倾泻而下，终年侵蚀之石上长出植物，展现荒野、水、岩石及植被的主

图 2-26　"蓝"、"绿"交响曲
（图片来源：《上海园林绿地佳作》）

图 2-27　都市森林
（图片来源：《上海园林绿地佳作》）

图 2-28　潺潺流水
（图片来源：《上海园林绿地佳作》）

题景观，寓意保护自然环境得到的良好回报，形成了城市绿洲。

干河区：与地质园连成一个整体，由大大小小的天然卵石组成河滩，似在水中航行，给市民提供健身步道。

芳草地：绿地中央为2500m²的大草坪，地形外高内低，形成休闲草坪空间，布局以自然为主，局部对称，用喷泉为对景，以产生微妙的对比。植物配置以松科、木兰科植物为主，落叶乔木点缀。

自然生态园——水园：在茂密的竹林灌丛之中，一条干枯的河流自西南向东北流淌，汇入大水池，自然野趣十足。水畔的水生、半水生植物和葱郁的林木，使人暂忘外面的喧嚣和烦恼。植物种类以乔木为主，如银杏、香樟、广玉兰、女贞、马褂木、杜英、无患子、榉树、雪松等。最引人注目的景观——"绿色烟囱"拔地而起，顶上种植大乔木，其树冠伸出高架，颇为壮观。底部可作休息，筒壁为通道式，可爬藤蔓植物。

梦之园：中央下沉空间里种植一片竹林。水流通过以上几个园以后流到这里，循环结束。螺旋式人行天桥使人能够动态地俯视绿地，下沉的绿竹空间与高耸的"绿色烟囱"形成强烈对比，加深了深度感和高度感。

绿地建成后，极大地改善了中心城区的生态环境，明显缓解热岛效应。曾有人在延中绿地建设过程中做过相关实验，结果表明，尽管当时只有三块绿地已经建成，但已经表现出一定的绿岛效应，地表温度平均能够降低1.29℃。现在，延中绿地已与高架道路和周边高楼大厦形成现代化国际大都市的城市景观，成为上海市一道亮丽的风景线。

中山岐江公园

岐江公园位于广东省中山市市区，原为粤中造船厂旧址，总面积11 hm²，其中水面3.6 hm²，水面与岐江河相联通。改造前的厂区和车间破旧，与岐江河沿线的景观极不协调，但它充分反应了中山市近半个世纪来工业发展的轨迹。场内遗留了不少造船厂房及机器设备，如龙门吊、铁轨、变压器等等。市政府决定将其拆迁，建设成一个公园，增加绿地和市民活动场地。

该公园的设计由北京大学景观规划设计中心的俞孔坚博士带领完成。公园设计的主导思想是充分利用造船厂原有植被，进行城市土地的再利用，建成一个开放的、能反映工业化时代文化特色的公共休闲场所。它的设计理念有别于一般的岭南园林、西方古典园林及现代西方环境主义和生态恢复的理念，彻底抛弃了岭南园林中园无支路、小桥流水和注重园艺及传统的亭台楼阁的传统手法，代之以直线形的便捷步道，遵从两点最近距离，充分提炼和应用工业化的线条和肌理；不追求西方巴洛克及新古典的西式景观的形式的图案之美，而是体现了一种基于经济规则的穿插的"乱"，包括直线步道的蜘蛛网状结构，"乱"的铺装以及空间、路网、绿化之间的自由，代之以经济规则的穿插；借鉴了世界范围内对工业遗迹的保留、更新和再利用的手法，更融入了特定时代与特定地域的文化含义和自然特质，用精神与物质的再生设计，揭示人性和自然的美（图2-29）。

整个项目中有若干亮点，如生态岛、亲水湖岸以及大量利用当地乡土植物的设计思路，其效果也是别开生面的，有令人耳目一新的感觉。

设计师们遇到的一个难题是公园内湖水水位随岐江水位变化而变化且湖底淤泥很深、湖岸不稳定。为了构造一个既有美的效果、又有生态功能的亲水湖岸，他们采用了栈桥式亲水生态湖岸的设计，利用水际植物群落加强湖岸的亲水性、生态性和优美性（图2-30）。根据水位的变化及水深情况，选择乡土植物形成水生—沼生—湿生—中生植物群落带，所有植物均为野生乡土植物，使岐江公园成为乡土水生植物的展示地，让远离自然、久居城市的人们，能有机会欣赏到自然生态和野生植物之美。同时随着水际植物群落的形成，使许多野生动物和昆虫也得以栖居、繁衍。所选水生植物包括：荷花、茭白、菖蒲、旱伞草、慈姑等；湿生和中生植物包括芦苇、白茅和其他茅草、苦苡等。

图2-29 简洁的直线道路和红盒子

图2-30 亲水湖岸

另一个难题是，如何保护集中分布在河岸上的古榕树。岐江河岸上原有很多树龄近百年的古榕树，由于岐江水位变化很大，雨季来临时，水位上涨可能会威胁到整个中山市，当时政府的意见是砍掉榕树，拓宽河岸。为了保留这批古老的榕树，设计师们提出开挖内河，在防洪渠的基础上，使湖岸上的古榕树与水塔形成岛屿，称为"生态岛"。这种处理手法用公园独有的形式语言，讲述了尊重当地历史、重视生态环境重建的设计理念。

岐江公园，珍惜足下的文化、平常的文化、因为平常而将逝去的文化；追求时间的美、工业之美、野草之美，以及人性之美。通过保留烟囱、龙门吊、厂棚，构建"静思空间"红盒子，以及剪破盒子的直线道路、生锈的铸铁铺装等，展示那片土地上、那个时代、那群人的文化；用水生、湿生、旱生乡土植物——那些被农人们践踏、鄙视的野草来传达新时代的价值观和审美观，并以此唤起人们对自然的尊重，培育环境伦理；通过保留原来的铁轨（图2-31），给步行的人们一种寻求挑战和跨越的乐趣。

公园建成后，成为中山市旧城风貌保护区的重要组成部分，通过岐江桥连接新城区，园内高耸的工业水塔与对岸新城的玻璃外衣遥相呼应，城市逝去的时间在这里停驻，老人们对过去的记忆也在这里汇集，新时代的年轻人在这里体会历史的痕迹，找寻童年的快乐。乡土植物的大量保留和利用，充分体现了城市的地方特色，多层次、多结构的生物群落在保护这一方湖水中发挥了重要作用，同时也为改善城市的环境质量、提高绿化建设水平、提升城市品位起到了积极的作用。

图2-31　保留的铁轨

成都活水公园

成都活水公园是由（美国）贝西·达蒙女士创意，美国风景园林设计师玛吉和韩国建筑师崔在希以及中国园林、环境、水利等诸多专家共同设计建造的一座公园。它模拟自然生态，构建城市人工河流湿地生态系统，是世界上第一座以水为主题，集水环境、水净化、水教育于一体的大型环境教育公园，并把它作为府南河治水的丰碑留存于后世。因其奇特的设计和美妙全新的公园主题而荣获了第十二届国际"优秀水岸奖"和国际环境设计协会 1999"环境设计奖"。

整个公园呈鱼形设计，取鱼水难分之意，通过展示河水的自然净化过程，唤起人们对水环境的关注和保护。在植物的配置、景观的处理、造园材料的选择上，均打破了传统的中国式园林造园法，没有因循守旧。"水—环境—生命"这个永恒的主题始终贯穿于其中，并展现得淋漓尽致。公园表现了污水经过厌氧池、兼氧池、植物塘床系统、养鱼塘、戏水池之后，重新变清的过程。

在公园的"鱼嘴"部位，部分河岸被石材砌筑的浅滩代替，使河水可以直接进入园内，为人们提供了亲近河水的场地。在这个地段，种植了大量的天竺桂、桢楠、黑壳楠、杪椤、连香、峨眉含笑等植物。乔、灌、花、草形成仿自然植物群落并配以台阶式浅滩，为人们提供一个在城市中回归自然、享受野外山林的场地。

"鱼眼"部位是全园的最高处。建造了一个集环保及展览于一体的教育中心，内部设有一个净水工艺——厌氧沉淀池（图 2-32）。该池把被人为污染，其水质已低于 V 类水标准的府南河水，泵入其中进行预处理。经物理沉淀作用、厌氧生物降解作用把污水处理成净水。

"鱼眼"周围是公园的中心广场，设有茶楼和水流雕塑。利用落差产生的冲力，使流水在水流雕塑中欢跳、回旋、激荡，并与空气充分接触、充氧，从而增加了水中的溶解氧含量，使水更具活力，而后流入兼氧池（图 2-33）。

兼氧池中的兼氧微生物和植物对水有一定的净化作用，水中的有机污染物在兼氧微生物的作用下，进一步降解成植物易于吸收的有机物，然后进入"鱼身"部位。

图 2-32　厌氧沉淀池

图 2-33　兼氧池

绿化工程

图 2-34 人工湿地系统

图 2-35 亲水雕塑

公园"鱼身"部位是一个人工湿地系统,它是整个污水处理工艺的核心部分,由 6 个植物塘和 12 个植物床组成(图 2-34)。这个系统仿造了黄龙寺五彩池的景观,种有浮萍、凤眼莲、荷花等水生植物;芦苇、香蒲、茭白、伞草、菖蒲等挺水植物;伴生有各种鱼类、青蛙、蜻蜓、昆虫和大量微生物及原生物。污水在这里经沉淀吸附、氧化还原、微生物分解后,有机污染物中的大部分被分解为可被植物吸收的养料,水质得到了有效净化。

净化后的污水再次经水流雕塑充分曝气、充氧,水中的溶解氧含量大大增加,水质可全面达到Ⅲ类水质,可以作为公园的绿化和景观用水了。这时的水便流入养鱼塘中。养鱼塘里养殖着观赏鱼类和水草。这些鱼以各种藻类和微生物为食,同时排出鱼粪等有机污染物促进藻类植物生长。

在公园的"鱼尾"部位,净化的河水流经戏水池石景喷泉,形成戏水、亲水的娱乐场所(图 2-35)。

活水公园其实就是一座小型的污水处理厂,能较充分地利用大自然的大型植物及其基质的自然净化能力净化污水并在净化污水的过程中促进大型动植物生长,增加绿化和野生动物栖息地的面积,有利于促进良性生态环境的建设,有显著的社会、环境和经济效益。

它展示了"去污保水,种草养鱼,建设良性的人工湿地生态系统"的人工湿地系统处理污水工艺的基本方法,以及水污染治理中追求的"用绿叶鲜花装饰大地,把清水活鱼送还自然"的人与鱼及水生生物协调发展的自然景观,较好地融入到了当地社区当中,起到了美化社区人居环境的作用,有效地宣传了环保知识。作为府南河工程的重要组成部分,它的建成起到了重塑城市形象、展现城市活力的作用。

它的人工湿地系统处理污水工艺能较好地解决传统生活污水处理中运行费高、充氧曝气设施庞大、去除污水中氮、磷污染物的效果较差、易造成受纳水体富营养化等问题,还可以充分利用当地的土地和污水的水、肥资源,在种草养鱼、绿化、美化环境的过程中实现净化污水、改善环境的目的。人工湿地系统处理工艺与生态堤岸相结合,还是流域综合整治的有效方法,达到了既整治堤岸,又净化水体及恢复水域良性生态环境的目的。

当人们走过厌氧池、兼氧池、植物塘床系统、养鱼塘、戏水池,陶醉在大自然的美妙和谐中时,便在不意间体验到水与自然界由浊变清、由死变活的全部生命过程。

(二) 各流派对现代园林绿化工程的影响

受各种文化、理念、艺术思潮的影响,自1960年以来,世界园林进入到了一个探索、反叛、多元化发展的时代,形成了各种流派,主要包括后现代主义园林、解构主义园林、高技派园林、后工业景观园林、雕塑艺术园林、大地艺术园林、极简主义园林、生态主义园林、超现实主义园林、软质园林、批评性地方主义园林、历史文脉主义园林、极多主义园林等。以下介绍几个主要流派对中国现代园林绿化工程的影响。

1. 后现代主义园林

1977年英国建筑理论家查尔斯·詹克斯在《后现代主义建筑语言》中提出了"后现代主义"的概念,认为后现代主义不仅是对现代主义的反动,也是对现代主义的超越。后现代主义承认了被现代主义否定的传统,注意对各地区各民族优秀文化艺术传统的吸收和借鉴,在综合传统和现代的文化精华方面超越了现代主义。后现代主义风趣且充满怀疑,但不否定任何事物,也不排斥模糊性、矛盾性、复杂性和不一致性,从而使设计变得丰富多彩。这种对新生活的积极参与和干预,使设计的内涵和外延都更加丰富了。

后现代主义园林景观的主要特征主要表现在:用隐喻与象征的手法表达对文脉的理解,用历史主义的手法对待传统与现代的结合、地方风格、超现实色彩。长久以来,在历史长河中渐渐演变形成的园林、街道、四合院、牌坊、宗教圣地等城市形态,作为完整表达城市建筑和城市意象的符号系统,被拆除、销毁,进而威胁到城市整体景观的延续性与可持续发展。后现代主义尊重历史传统,但并不等于拘泥于传统。相反,它有意识地保留这些传统,使其更富有地方特色,创造出新旧共生的城市景观。它在中国的典型代表即为中山岐江公园。

对园林绿化而言,后现代主义流派主要对植物配置产生影响,既不能完全否定传统方式,也不能照搬照抄西方模式,而是应该从两者中找到切入点,把它们有机结合起来,创造出具有中国历史特色的新的园林景观。

2. 解构主义园林

解构主义是从结构主义中演化出来的,它的实质是对结构主义的破坏和分解。解构主义作为一个园林流派的形成,是在20世纪80年代以后。屈米设计并建成的巴黎拉维莱特公园,被公认为解构主义的杰作。

解构主义大胆向古典主义、现代主义和后现代主义提出质疑,认为应当将一切既定的规律加以颠倒,反对统一与和谐,反对形式、功能、解构、经济彼此之间的有机联系,提倡分解、片段、不完整、无中心、持续的变化。其裂解、悬浮、消失、分裂、拆散、移位、斜轴、拼接等手法,产生一种特殊的不安感(王向荣等,2002)。

上海徐家汇公园内一座几乎贯穿东西的"景观天桥"就是解构主义的体现。它把明清的老城厢、租界时期的建筑、民国时代的民居、民族工业的大烟囱、"黄浦江"等元素巧妙地联系起来,形象地展示了上海这座城市从过去到现在、从现在到未来的历史景象,突显上海的人文景观特色。解构主义一般会影响到园林中建筑物和构筑物的造型和布局,其对园林绿化的影响微不足道(图2-36、图2-37)。

图2-36　一桥贯穿东西

图2-37　流线型桥体

3. 大地艺术园林

大地艺术诞生于 20 世纪 60 年代的美国，艺术家们在看到工业化给社会带来的灾难之后，以一种批判现代都市生活和工业文明的姿态，把大地作为艺术创作的对象，形成大地艺术流派。"大地艺术"作品超越了传统的艺术范畴，与基地产生了密不可分的联系，从而走向"空间"与"场所"，它远离尘嚣，视环境为一个整体，强调人的"场所"体验，将艺术这种"非语言表达方式"引入景观设计中，赋予其勃勃生机。

大地艺术园林的主要特征是：①将自然作为设计要素，各种自然界的材料，如土壤、石头、冰雪、沙石等都成为艺术家常用的材料，而沙漠、森林、农场或工业废墟则成为他们关注的对象；②表现抽象性特征，常用点、线、面、螺旋、金字塔等基本几何形式，如 Maya Lin 为密执安大学一个庭院设计的"波之场"中，只有一种植物——草坪，只有一种形式——波浪形，作品简单而生动；③设计艺术地形，用完全人工化、主观化的艺术形式改变大地原貌，带来视觉和精神上的冲击；④它是四维空间的艺术，在创作中加入了时间的因素，引起人们的遐想。

在园林绿化中，有大面积的草坪或其他平面景观时，可以考虑采用大地艺术园林的手法，利用一定的人工地形处理，用同种植物材料表现不同于一般植物景观的韵律与节奏，给人简洁、清新而又生动的感觉。但这种手法不宜多用，否则易显得呆板和雷同。

4. 极简主义园林

极简主义园林是 20 世纪 60 年代以来，西方，尤其是美国成为现代主义园林中的一个典型代表。极简主义现代景观采用一种以简洁几何体为基本形式的设计手法，是一种非具象、非情感的艺术。一般只出现一两种颜色（黑、白等色）；在构图中，重复、系列化地摆放物体单元，没有变化，只强调整体，其排列方式按等距或代数、几何数关系递进；多采用现代材料，使作品与现实生活相呼应，在审美趣味上具有工业文明的时代感。

极简主义园林不是将植物作为传统的装饰背景，从属于哪一个要素，而是独立的景观，它可以用雕塑的形式来展现。最常见的极简的庭院中常用茂密、高大的孤植树，例如圣·克里斯多巴尔庭院中的树，除了遮荫的作用，外形轮廓富有雕塑的感觉，又是惟一有生命的要素，展现了时间的流逝。另外极具雕塑形状的仙人掌以及欧洲刺柏，都是极简主义园林中经常运用的植物材料。日本播磨科技园城的尖端科技中心停车场的中心区，土堆顶部的欧洲刺柏，表现了系列化的雕塑景观。

中国的中山岐江公园的景观设计也部分采用了极简主义的手法。其道路遵循"两点之间直线最短"的原则，简洁的直线路网成为该公园鲜明的特色。著名的"红盒子"，虽然造型简单，但通过色彩与形式的搭配，表达作者对"文革"的警示，同时激起人们对那段历史的回忆，因此设计师所表达的内容是相当丰富的。

5. 生态主义园林

20世纪60年代以来，随着技术的发展，由人口和工业聚集引发的各种城市矛盾和问题越来越严重。1969年伊恩·麦克哈格的经典著作《设计结合自然》问世，他将生态学思想运用到景观设计中，把两者完美地融合起来，开辟了生态化景观设计的科学时代。生态主义园林运用的手法主要有：利用生态净化雨水和污水，循环利用雨水的中水体系、地下水回灌的"生态铺地"，进行生态环境恢复，以及依据生态原则建设动态演进的公园。

成都活水公园就是国内该流派的典型代表。2006年建成的上海梦溪园也是其中之一，其总体规划以水体的净化再生为主题，把景观轴线与历史文脉用"活水"主题串联起来，运用高科技的净水系统使引自苏州河的水得到进化。用挺水植物、沉水植物、浮叶植物以及漂浮植物构成完整的水生植被序列，具有明显的季相变化，达到了景观和生态双重效果。

生态主义园林中，植物材料的选择以充分发挥其生态功能为依据，通过多种植物之间的搭配组合，建立起较稳定的类似自然界群落结构的人工生态系统，同时兼顾其景观效果。

（三）绿化工程未来的发展趋势

随着城市园林生态环境建设的蓬勃发展，绿化将深入到城市的每个角落，植物配置将向着更加符合植物生长习性、建立更加稳定的生态群落的方向发展；绿化技术将应用更多现代科技手段，在提高施工效率的基础上，尽可能地做到科学性与生态性并举，倡导节能型园林绿化。以下简要介绍一些新的绿化模式和绿化技术。

1. 新绿化模式

（1）立体绿化

立体绿化是运用现代建筑和园林科技手段，对绿地上部空间、一切建筑物和构筑物所形成的再生空间进行多层次、多形式的绿化、美化，追求最大生态效益，拓展城市绿化空间，以达到改善日益恶化的城市生态环境和美化城市环境的目的。

城市的立体绿化包括垂直绿化和屋顶绿化两大类，主要形式有墙面绿化、阳台绿化、护栏绿化、立交桥绿化、屋顶绿化、灯杆立柱绿化、棚架绿化等。目前，应用较广泛的主要是立交桥绿化和墙面绿化，但都存在一些问题，例如，立交桥绿化养护成本高，植物存活率低，需要定期更换等。如何选择合理的植物材料，在不破坏构筑物本身强度的前提下，建立合理的植物群落，以降低养护成本，将成为城市立体绿化的发展方向。

（2）地下交通与城市绿地复合开发模式

地下交通与绿地复合开发模式将是城市现代化改造与建设中提高土地利用效率与节约土地资源，促进城市的集约化，解决中心区高密度，扩充基础设施容量，达到人车立体分流，改善生态环境及保护历史文化景观，建设生态型、节能型城市的有效途径。

① 模式1：地下快速道路 + 城市绿化带

随着城市车辆的极速增长，地面交通加高架的形式将难以缓解巨大的交通压力，且对环境有很大的负面影响。拆除高架，修建地下快速路，在地面上种植绿化带将是解决城市交通与环境问题的有效方式。美国城市波士顿已经有了成功的实践，并取得了良好的经济和社会效益。

② 模式2：地下车库 + 小区绿化

车辆数量的增长也带来了严峻的停车问题。尤其是旧居住区，车辆随处乱停造成空间拥挤、影响视觉环境等不良状况。在小区用地紧张的情况下，将地下车库与绿地复合开发，就能在完善配套服务设施的同时，扩大绿地面积，改善居住环境，提高居住区的开发升值潜力。

③ 模式3：地下公共停车场 + 广场、公园绿地

现代意义的广场、绿地除了能满足人们传统的户外活动、游园、赏景的要求外，还希望能够在此停车、交往、娱乐、运动、购物等，即要具有良好的

园林景观以及完善的配套服务设施。但几乎各大城市都面临土地紧缺、广场、绿地开发代价高等问题。地下公共停车场与大型广场、绿地复合开发，能够综合解决城市发展中的矛盾，并在不破坏城市环境的前提下提高土地利用效率。

城市地下空间的开发利用需要与城市交通规划、绿地规划相协调，促进城市的可持续发展。

2. 新绿化技术

（1）喷播技术

喷播技术多使用在草坪的建植中，特别是在公路边坡绿化地段中使用较多，植物成活率较高。喷播方式主要有液压喷播和三维植被网喷播植草两种。

①液压喷播技术

液压喷播是利用水力机械进行大面积喷播草籽而快速建立草坪的一种方法。它有对立地条件的适应性强、建植速度快、草被生长均匀及成本低廉等特点，近年来已逐步应用于水利、公路、铁路等基础工程建设的边坡防护与绿化。

与传统建植草坪的方法相比，液压喷播具有很多优点：机械化施工，见效快；适用范围广，在复杂地段也能成功绿化；建设成本低，比采用护土墙或砌石护坡建设成本低8~15倍；防止水土流失，防止泥沙冲刷到边坡淤积，从而减少清理费；改善公路整体景观，为沿途旅客带来舒适的旅行；绿化坡面调节公路小气候，改善生态环境。

液压喷播液的配料主要有水、黏着剂、纤维、肥料、保水剂和着色剂及植物材料。水和纤维的用量是影响喷播面积的主要因素，适宜的重量比为30：1，纤维的用量为100~120g/m^2。黏着剂一般为3~5g/m^2，肥料为30~60g/m^2，保水剂为3~5g/m^2，着色剂一般为绿色，用量为3g/m^2。植物材料一般应选择根系发达、抗旱性强、耐瘠薄、繁殖力强的种类，除了一般的草坪草种子外，还可根据景观需要选用白三叶、二月兰、天人菊、黑心菊等，丰富景观效果。

液压喷播的主要缺点是需要使用液压喷播机，该机器价格昂贵、一次性投入大。此外，保水剂、黏着剂和纤维等还多依赖进口，价格较高。目前，已有科研单位着手喷浆配料的研制与开发，相信在不久的将来，能实现喷浆配料的国产化，降低液压喷播的成本，从而使该技术在固土护坡及大面积绿化中得到广泛应用。

②三维植被网喷播技术

三维植被网亦称土工网垫,是以热塑性树脂为原料制成的三维结构网,其底层为具有高模量的基础层,一般由3~4层平面网组成,上覆起泡膨松网包,包内填种植土和草籽,能够防冲刷,有利于植物生长。草坪未形成之前,三维网的加筋锚固作用可以保护被面免受风雨侵蚀。草坪长成后,植物根系与三维网纠结,形成一个具有高抗拉强度的整体模块结构,可以提高草的覆盖面积,增加植物根部的强度。

该技术适用于坡比不陡于1∶1的路堑边坡、土质边坡、强风化的基岩边坡。首先要清理被面至设计要求,去除野草及杂树,并辅以喷药,抑制野草生长。覆5~7cm土于被面上,用水浇湿。沿被面自上而下铺设三维网,整平,固定。在网包上摊铺细粒土及肥料,然后采用液压喷播方式喷洒混有种子、肥料、土壤改良剂、保水剂和水的混合物。

为了增强植被的固坡效果,并具有类似自然植被的植物多样性特征,在施工过程中可结合生态种植方式,如喷播时在草籽中掺入适量的地被植物种子,或在挂网后挖坑种植适当的乔灌木,或在草被覆盖后采用坑穴栽种灌木等,以形成自然山林野地的效果,达到生态型固土护坡的目的。

(2) 智能化园林喷灌系统

随着世界能源危机的不断加剧,园林灌溉系统将朝着以下一些目标发展:节水、节能、节劳并重;喷、微灌相结合,同步发展;积极开发多目标利用及专用的灌溉设备;开发雨水等的灌溉效益,走持续发展道路;园林植物需水信息采集及精量控制灌溉技术研究等。因此,智能化园林喷灌系统就应运而生。

它的特点是:在整个园林喷灌区域中包含了滴灌、微喷灌、涌泉灌、树木根部灌溉等不同的微灌方式,将不同的灌溉方法纳入同一个灌溉系统,根据不同植物的需水规律和需水量由中央电脑控制向植物提供精准的灌溉。在这些系统中,气象站、土壤湿度感应器等感应设备均匀地分布在控制区域里,定时自动采集气象、土壤和植物含水量等数据,并传送到电脑控制中心;电脑控制中心处理器对得到的数据进行分析和判断,然后给出是否喷灌的指令;如果远程系统出现故障,监控器将自动判断出故障的位置和类型,检修人员能够迅速到达故障现场进行检修。

这样的智能化喷灌系统能覆盖小则几平方公里,大则几百平方公里的范围,控制管理小到一个公园大到整个城市的绿地喷灌。相信在不久的将来这种智能化的园林喷灌溉系统将更多地应用在园林建设当中，也一定会成为将来绿地喷灌系统的主导。

（3）应用高吸水性树脂

高吸水性树脂是一种具有良好吸水、保水性能的新型功能高分子材料，已用于旱地植树造林、种子包衣等农林生产方面。在园林建设中，花草生产和养护管理需要消耗大量的水资源，在能源短缺的今天，如何降低生产成本、提高水资源的利用效率就成为园林绿化建设中的首要任务。

高吸水性树脂吸水后形成水凝胶，具有保水、贮水的功能。将一定量的高吸水性树脂与土壤混合，可以改良土壤结构，调节土壤固、气、液三相平衡，改善根部微循环，从而促进植物生长，能够适用于花草种植、大型苗木移植等方面，但不适用于气生根植物。有研究实验表明，土壤中使用 0.5% 的高吸水性树脂，再浇灌同量的水，水的渗漏减少 60%，水分蒸发速度降低 30%。对于需水量较大的植物如一串红、万寿菊、孔雀草等，可降低浇水次数一半左右，冠幅增大 20%~30%，花朵数增加 10%~20%，花期延长 5~15d。

由于高吸水性树脂有很高的吸水保水能力，过量使用会使植物根部土壤水分过大，病菌易于繁殖，导致烂根等。一般不宜选择吸水倍数在 400 倍以上的种类。同时，在使用无机肥时，应将其用在高吸水性树脂的底部，以防止钙、镁离子与高吸水性树脂上的离子产生交换而使其失去保水能力。

三、欧洲园林对中国绿化工程的影响

欧洲大陆上各民族在长期的社会发展中，在文学、绘画、雕塑、音乐等领域的美学追求上都达到相当的高度，与东方的美学在观念和风格上都有较大的差异。这是由他们各自历史、地理、文化背景的不同而造成的，反映在园林美学上，从本质到手法都有很大的区别。有人以自然与人工的关系为例，探讨过这种差异的渊源，认为其中一个原因是欧洲各国在较长历史时期中以游牧生活为主，对自然有一种征服的强烈欲望；而东方民族则农耕生活的历史较长，对自然有一种依赖和"感恩"的倾向，从而造成前者强调人力对自然的改变，后者则崇尚对自然的模仿和表现。这恐怕是有一定道理的。

欧洲古典园林的审美观首先要求在园林中制造人工美。要求对称、均衡、秩序这样的人工和谐。17世纪中叶的法国宫廷造园家布阿依索认为："如果不加以调理和安排均齐，那么人们能找到的最完美的东西都是有缺陷的"。古代罗马、中世纪意大利、17~18世纪的法国宫廷园林都是对称布局，人工气息很浓。树木大多经过修整。有人说，意大利花园的美主要在于它所有要素之间比例的协调和总构图的明晰和匀称。其美学原理在于自柏拉图以来，欧洲人习惯于穷究事物的内在规律的思维方式。这种思维方式表现在审美意识上，就是毕达哥拉斯和亚里士多德都把美看作是和谐，而这种和谐的内部结构就是对称、均衡和秩序。丹纳在《艺术哲学》中说："不许自然有自由……树、水或自然风光必须人化，必须抛弃它们的天然形态和特点，它们的野趣……"。很显然，这与中国古典园林的审美观有很大的区别。

其次，欧洲古典园林在布局上都突出主轴线。以主轴线为艺术中心，有追求构图统一性的审美习惯。采用雕塑、喷泉、图案式的植坛等手法来完成几何的规整式的园林。法国凡尔赛宫的中轴线有3km长，两旁是严格对称的绿篱花圃、大大小小的几何形的水池、规整的花坛、喷泉、雕塑，甚至连彩色的变化也要"井然有序"，有时为了达到这一目的，还不惜以大量人力把卵石染色，在花坛里形成图案的美。

同时，欧洲古典园林风格常追求简洁、豪放。大草坪、林荫道往往是园林布局的重要组成部分，但法国皇家花园有时装饰繁琐，过于豪华。凡尔赛宫的喷泉据说原有1400座之多，现还存留607座。大理石的平台、彩色玻璃镶嵌的巨窗……表现的是贵族统治的穷奢极欲和君主霸权的伟大，但与中国古典宫苑不同的是：它的道路宽敞，广场、草坪开阔，国王与王公贵族、大臣们可以一起寻欢作乐。据说凡尔赛宫常常是几千个宾客在花园中欢宴游乐。

日本虽然和中国同属东方民族，它的文化渊源在一定程度上受到中国的影响，但日本园林艺术仍有其自身特点。日本古代美学来源于"宇宙生命的自我表现"，有一种称为"气"的神秘的艺术思想，受参禅和茶道的影响较大。日本称园林为庭园，庭园美学赞扬自然的美。从中古到近代，逐渐从写实到抽象，和中国古典园林美学有某种相通之处，但在表现意图上寻求幽静、闲适、古雅。它的特点大致可归纳为：①愿向自然献出被动的爱。②反映出自然是相当主观的自然。③有爱好古老事物的倾向。④擅长从低的视点，对小的部分进行静止的观赏手法。

⑤擅长内部空间秩序的表现，但对外部空间秩序的表现则很生疏。历史上比较著名的日本庭园有江户时代的桂离宫、明治时的无邻庵等。杰出的造园家有桔俊纲、梦窗国师等。日本现代庭园虽部分受到西欧风格影响，但从总体上说，其民族传统的表现仍然占据主要地位。天皇的东御是日本现代庭园的代表作品之一，表现手法大部分沿用古典庭园以垂直力（树木、灯笼、石柱等）和水平力（池塘、草坪、修剪的树篱和横卧的石头等）的均衡为骨架，采用远景、中景、近景相结合的方法，追求简洁性等等。

第三章 绿化工程的种类

为改善生态环境,供人们户外活动,美化生活环境,以栽植树木花草为主要内容的绿化工程,是所有建设工程项目的重要组成部分,是按照植物生态学原理、园林艺术构图和环境保护要求,进行合理配置,创造各种优美、实用的园林空间,具体按设计要求,植树、栽花、铺草并使其成活,尽早发挥效果。它包括城市公共绿地、专用绿地、防护绿地、园林生产绿地、风景名胜区绿地、交通绿地等各种绿地建设工程。

综合第一章提到的分类方法和目前实践应用情况,为使更多的园林工作者更全面更快捷地了解和掌握绿化工程的内容,本章本着实用原则将绿化工程分为城市绿化工程、城郊绿化工程和住宅绿化工程。主要介绍各类绿化工程的植物种植设计的依据和原则,绿化施工过程中的技术要点和管理重点,以及目前绿化工程建设中存在的误区和未来发展的方向。

一、城市绿化工程

21世纪是人类社会快速发展的时代,随着人们生活水平的提高,对环境也提出更高的要求。人类从20世纪城市发展的经验教训得到启示,必须在城市发展和城市生态中求得平衡,走可持续发展之路。为此,各种"花园城市"、"园林城市"、"生态城市"应运而生。其目的就是增加城市的绿化数量和质量。

我国城市《21世纪城市规划宣言》中提出21世纪城市规划三大纲领,就是要解决三大"和谐"问题,即"人与自然的和谐"、"时间延续性的和谐"以及"人与人的社会和谐"。所以整体和谐发展就是要求在城市绿化建设过程中,必须处理好自然、建筑、城市风格和园林绿化相互的关系,保证人工环境和自然环境的同步发展,有机结合达到人和自然的和谐共处。所以,我们必须把维护居民身心健康,维护自然生态过程,作为城市绿化工程的主要功能。无论在城市绿地规划,还是绿化工程设计施工中都应遵循"整体协调发展"和"以人为本"的理念,在城市绿化建设过程中坚持以下几个原则：

1. 遵循生态学原理

在过度开发利用和环境污染日益严重、生态失衡的今天，人类必须依靠植物和自然系统来解决生存环境恶化问题。要重视绿化植物的个体、种群、群落以及整个生态系统生态学原理，创造多种多样的生境和绿地生态系统，满足各种植物及其他生物需要和整个城市自然生态系统的平衡，促进人居环境的可持续发展。

2. 创造具有区域文化特征的城市绿地环境

3. 创造具有美感的城市绿地环境

城市绿地环境是优美人居环境的重要组成部分，只有具有艺术感染力、具有特色的园林绿地环境，才能给人美的享受，才是舒适、优美的生活环境，才能满足人们对美的心理需求。

4. 创造内容丰富、功能齐全的绿色空间

绿化工程营造的绿色空间是人们使用率较高的日常户外生活空间，是满足人们室外体育、娱乐、游憩活动的主要场所。因此应尽可能从人们休息、体育、娱乐的功能需要出发，并满足不同结构层次人们的需求。

5. 增加绿色空间，创造适宜的气候条件

绿色最能在视觉上软化建筑的生硬质感，并只有绿化能给城市增加生机和活力，改善城市小气候。

城市绿化建设工程属城市基础建设配套工程，但它既有施工的科学性又有植物配置的艺术性，无论是方案设计还是施工种植，都必须遵循一定的原则和依据，才能保证达到绿化工程生态学和美学要求。综合我国目前园林绿化建设状况，总结绿化工程植物配置和种植设计原则如下：

（1）以城市绿地系统与生物（植物）多样性保护规划为依据，根据绿地的性质和功能要求配置

任何景观都是为人考虑的，只有把握总体规划，才能合理安排各个细节景点。植物配置要符合绿地性质和从功能需求出发，对不同类型的植物景观进行合理布局，满足相应的功能要求。如综合性公园因观赏、活动和安静休息等功能的不同，而设置相应的色彩鲜艳的花坛或花境、大草坪、山水丛林或疏林草地等植物景观。在植物种植时应注意种植形式的选择与绿地布局形式的协调。规则式园林植物的种植多用对植、列植；自然式植物的种植多采用孤植、丛植、群植、林植。

（2）尊重自然，保护利用

人类只有在保护自然生态环境的基础上，合理地开发利用土地和自然资源，才能达到真正意义上的改善和提高生存与生活环境。园林绿化工程也只有在保护和利用自然植被与地形生境的条件下，才能创造出自然、优美、和谐的园林空间。

（3）尊重科学，符合规律，并根据园林艺术构图的要求进行配置

完美的植物景观必须具备科学性与艺术性两方面的高度统一，既要满足植物与环境在生态上的统一，又要通过艺术构图原理体现出植物个体及群体的形式美，及人们在欣赏时所产生的意境美。要符合生态科学的规律，恰当地处理好个体和个体之间、个体与群体之间、群体与群体之间的关系，充分发挥每一种植物在绿化环境中的作用，维持或创造各种持久、稳定的植物群落景观，造就和谐优美、平衡发展的园林生态系统。

（4）因地制宜，适地适树，根据植物的形态和习性进行配置

绿化工程中植物应根据不同的现状和资源条件，设计相应的生境类型，并认真考虑植物的生态习性和生长规律，选择合适的植物种类，使各种植物都能适应环境，各自能够正常生长，充分发挥植物个体、群体和群落的景观与生态效益，并为其他生物的正常生活提供合适的生态环境。所以在植物选择上尽量采用本土树种或经引种驯化成功的品种。

（5）注意配置中的经济原则

现代种植设计强调传统的艺术手法与现代精神相结合，创造出符合植物生态要求、环境优美、景色迷人、健康卫生的植物空间，满足游人游赏要求。

总之，绿化工程的施工管理是一门实践性很强的学科，在实际工作中既要掌握工程原理，又要具备指导现场施工等方面的技能，只有这样才能在保证工程质量的前提下，较好地把园林绿化工程的科学性、技术性、艺术性等有机地结合起来，建造出既经济、又实用、且美观的园林绿化作品。在具体施工过程中，强调以下几点：

① 以规范为准则

1999年8月1日，中华人民共和国行业标准《城市绿化工程施工及验收规范》的颁布，为城市绿化工程施工与验收提供了详细具体的标准。按照规范，严格按批准的绿化工程设计图纸及有关文件施工，对各项绿化工程的建设全过程实施全面的工程监理和质量控制。

A. 切实做好施工前准备工作

在掌握设计意图的基础上，根据设计图纸对现场进行核对，编制施工计划书，认真做好场地平整、定点放线、给水排水工程等前期工作。"磨刀不误砍柴工"，做好准备工作，往往会加快施工进度。

B. 严格按设计图纸施工

绿化工程施工就是按设计要求艺术地种植植物并使其成活，设法使植物尽早发挥绿化美化的作用。所以说设计是绿化工程的灵魂，离开了设计，绿化工程的施工将无从入手；如不严格按图施工，将会歪曲整个设计意念，影响绿化美化效果。施工人员对设计意图的掌握、与设计单位的密切联系、严格按图施工，是保证绿化工程质量的基本前提。一定要精选苗木、山石、巧置散石、别具匠心叠石……总之，施工是一个再创作的过程。

C. 加强施工组织设计的应用

根据对施工现场进行的调查，确定各种需要量，编制施工组织计划，施工时落实施工进度的实施，并根据施工实际情况对进度计划进行适当调整，往往能使工程施工有条不紊，保证工程进度计划的实施，尽量缩短工期。在工程量大、工期短的重点工程施工上有十分显著的作用。特别是招投标制度在园林工程上的实施，更加有必要加强施工组织设计的应用。

施工组织机构需明确工程分几个工程组完成，以及各工程组的所属关系及负责人。注意不要忽略养护组。人员安排要根据施工进度计划，按时间顺序安排。

② 以安全为前提

市区绿化工程施工由于受到车流量大、公共设施多、人流密集等的影响，施工安全十分重要，更须加强管理。在街道绿化方面，首先要充分了解街道流通量、道路结构、道旁地质情况、路灯电杆灯柱、地下管道及电缆埋设物等情况。特别是分车绿带施工，由于分车绿带位于车行道之间，安全措施更加重要。所以在种植穴、槽挖掘前，施工人员一定要向有关单位了解地下管线和隐蔽物埋设情况，以免施工时造成管线的损坏，同时还要注重协调与外单位的交叉作业。

③ 以技术为后盾

绿化工程施工的对象——植物材料的有生命性，决定了施工的技术要求，只有掌握了有关植物材料的生态习性、与栽植成活等相关的原理与技术，才能按照绿化设计进行具体的植物栽植与造景，尽早发挥效果。

A. 绿色植物的时令安排

为了确保树木成活，必须根据各地区的自然条件和各树种的生态习性，选择最适当的季节进行栽植。北方地区以春季栽植为好，此时气温逐渐回升，土层开始解冻，土壤逐步转向松软，水分较充足，有利树木的发根，随着气温的升高，根部吸收作用可以维持枝叶需要的水分、养分。南方地区以秋末初冬栽植为宜，此时树木逐渐进入休眠期，树木对水分、养分消耗日趋减少，新生根具备一定的吸收能力，在水分、养分供应上，能满足枝叶萌发需要。

B. 苗木的选择与准备

根据绿地功能的不同，对苗木进行选择。一个建筑群、住宅区或公园，人们都期望园林绿地有快速的绿化效果，为此要种植一定体量的壮龄树，将它们群植，使人产生此地早已存在园林绿地的直接感受。种植树木的规格、大小应与建筑物的高度、绿地空间大小及园林功能相协调，使用壮龄木，栽后即能在树木的规格、外形、体量和特征等方面构成持续性的视觉效果及园林意境。

C. 运输

选用起吊、装运能力大于树重的机动车和适合现场施工的起重机类型。苗木堆放时应注意土球的重心放在车后轮轴的位置上，树冠向后，用绳绑紧，土球下应用东西塞紧，在大树移植过程中，应采取措施，防止因颠簸而散球，防止暴晒及冻寒等不利于大树生长的因素。

D. 苗木的栽植

树木的栽植程序大致包括：地形整理、定点放线、挖穴换土、起苗运苗、栽植养护等。

E. 养护管理

树木栽植后，养护管理工作尤为重要，栽植是一时之事，而养护则是长期之事，即"三分栽，七分管"。

保持土壤湿润是树木成活的主要条件，除在栽植后浇足"定根水"外，还应根据气候情况及时补充水分，尤其是枝叶萌动、生长旺盛的季节，常绿树栽植后，干旱时除浇定根水外，对枝叶也应经常喷水；但是如果土壤中水分始终呈饱和状态，又会导致土壤的通气性不良，不利于树木生长发育。低洼地区会导致积水，应注意挖排水沟及时排水。对大面积的绿化要求比较高的地区，可以在绿化区设置自动喷灌设备或预理水管，定时浇水。

施肥：树木成活进入正常生长状况后，可以追加肥质较为淡薄的肥料。施肥工作应在多日未雨、土壤干燥、并经松土除草后进行。

病虫害的防治：对病害一定要注重预防为主原则；对虫害要掌握"治早、治好、治了"原则。其方法主要有药物毒杀和生物防治两种，在防治病虫害过程中要掌握病虫的发生规律，利用综合防治，抓住有利时机，用最少的人工和药物取得最佳效果。病虫害一旦在早期不予控制，其防止很困难。

（一）公园绿化

城市公园是城市绿化体系及市区绿化水平的重要标志。而公园绿地的植物配置是公园绿化的主要内容，也对公园整体绿地景观的形成、良好生态环境和游憩环境的创造起着极为重要的作用（图3-1、图3-2）。根据人们对公园绿地游览观赏的要求，除了用建筑材料铺装的道路和广场外，整个公园应全部由绿色植物覆盖起来。所以公园绿化的前期规划至关重要。在公园绿化整体规划时，要注意以下几点。

1. 全面规划，重点突出，远期和近期相结合

公园的植物配置规划，必须从公园的功能要求出发来考虑，结合植物造景要求、游人活动要求、全园景观布局要求来进行。

公园用地内的原有树木，应因地制宜尽量利用，利用其尽快形成整个公园的绿地植物骨架。在重要地区，如主入口、主要景观建筑附近、重点景观区、主干道的行道树，宜选用大苗来进行植物配置；其他地区，则可用合格的出圃小苗；使快生与慢长的植物品种相结合种植，以尽快形成绿色景观效果。

图3-1　太子湾水景

图3-2　太子湾引水渠

规划中应注意在近期植物应适当密植,待树木长大长高后可以移植或疏伐。

2. 突出公园的植物特色,注重植物品种搭配

每个公园在植物配植上应有自己的特色,突出某一种或几种植物景观,形成公园的绿地植物特色。如杭州西湖的孤山(中山)公园以

图3-3 花港观鱼

梅花为主景,曲院风荷以荷花为主景,西山公园以茶花、玉兰为主景,花港观鱼以牡丹为主景(图3-3),柳浪闻莺以垂柳为主景,这样各个公园绿地植物形成了各自的特色,成为公园自身的代表。

全园的常绿树与阔叶树应有一定的比例,一般在华北地区常绿树占30%~50%,落叶树占60%~70%;华中地区,常绿树占50%~60%,落叶树占40%~50%;华南地区常绿树占70%~80%,落叶树占20%~30%,这样做到四季景观各异,保证四季常青。

3. 公园植物规划注意基调及各景观的主配调的规划

全园的树种选择上,应该有1个或2个树种作为全园的基调,分布于整个公园中,在数量上和分布范围上占优势;全园还应视不同的景区突出不同的主调树种,形成不同景区的不同植物主题,使各景区在植物配置上各有特色而不相雷同。

公园中各景区植物除了有主调以外,还应有配调,以起到烘云托月、相得益彰的陪衬作用。全园的植物布局,既要达到各景区各有特色,但相互之间又要统一协调,因而需要有基调树种,基调树种贯通全园,达到多样统一的效果。

4. 植物规划充分满足使用功能要求

地被植物一般选用多年生花卉和草坪,某些坡地可以用匍匐性小灌木或藤本植物。现在草坪的研究已经达到较高的科技水平,其抗性、绿期大大提高,所以把公园中一切可以绿化的地方都和草坪结合是可以实现的。

从改善小气候方面来考虑,冬季有寒风侵袭的地方,要考虑防风林带的种植;主要建筑物和活动广场,在进行植物景观配置的时候也要考虑到创造良好小气候的要求。

全园中的主要道路,应利用树冠开展的、树形较美的乔木作为行道树;一方面形成优美的纵深绿色植物空间,另一方面也起到遮荫的作用。规则的道路采用规则行列式的行道树;自然式的道路,多采用自然种植的形式形成自然景观。

在儿童游戏场、游人活动较多的铺装广场(如作为露天演出的铺装广场),应栽植株距较大(8~12m)、林冠开展的遮荫树。

疏林草地是很受人们欢迎的一种配置类型,在耐阴性较强的草坪上,栽植株距较大(8~15m)的速生落叶乔木,这种疏林草地,既有遮荫,又有草坪,适于开展多种活动。

为了夏季能在林荫下划船,公园中应开辟有庇荫的河流,河流宽度不得超过20m,岸上种植高大的乔木如垂柳、毛白杨、丝棉木、水衫等喜水湿树种,则夏季水面上林荫成片,可开展划船、戏水活动,如北京颐和园的后溪河每到夏天便吸引了众多的游船。

儿童活动区、安静休息区、体育活动区等各功能区由于对绿地的使用要求不同,种植规划同样也有各自的特点。

5. 四季景观和专类园绿化是植物造景的突出点

"借景所籍,切要四时",春、夏、秋、冬四季植物景观的创作是比较容易出效果的,在前一部分景区划分中已有部分论述。植物在四季的表现不同,游人可尽赏其各种风采,春观花、夏纳荫、秋观叶品果、冬赏干观枝。因地制宜地结合地形、建筑、空间变化将四季植物搭配在一起便可形成特色植物景观。

6. 注意植物的生态条件,创造适宜的植物生长环境

按生态环境条件,植物可分为陆生、水生、沼生、耐寒喜高温及喜光耐阴、耐水湿、耐瘠薄等类型,那么选择种植合适的植物并使之在不同的环境条件下达到良好的生长状态是很必要的。

如喜光照充足的梅、松、木棉、杨、柳、耐阴的罗汉松、山楂、珍珠梅、杜鹃、喜水湿的柳、水杉、水松、丝棉木、耐瘠薄的沙枣、胡杨等,不同的生态环境选用不同的植物品种则易形成该区域的特色。

在对公园绿化进行总体规划后,再进一步具体实施细部设计和绿化工程施工。整个公园的植物组群类型及分布,应根据本地的气候状况、园外的环境特征、园内的立地条件,结合景观构想、防护功能要求和当地居民游赏习惯确定,应做到充分绿化和满足多种游憩及审美的要求。公园的绿化种植,是公园规划的实施部

分。它指导种植，协调各期工程，使育苗和种植施工有计划地进行，创造最佳植物景观（图3-4）。

（1）公园绿化树种选择

由于公园面积大、立地条件及生态环境复杂、活动项目多，所以选择绿化树种不仅要掌握一般规律，还要结合公园特殊要求，因地制宜，以乡土树种为主，以外地珍贵的驯化后生长稳定的树种为辅，充分利用原有树木和苗木，以大苗为主，适当密植。要选择具有观赏价值，又有较强抗逆性、病虫害少的树种，不得选用有浆果和招引有害虫的树种，以易于管理。

图3-4　太子湾公园

为了保证园林植物有适应的生态环境，在低洼积水地段应选用耐水湿的植物，或采用相应排水措施后可生长的植物。在陡坡上应有固土和防冲刷措施。土层下有大面积漏水或不透水层时，要分别采取保水或排水措施；不宜植物生长的土壤，必须经过改良；客土栽植，必须经机械碾压、人工沉降（表3-1、表3-2）。

园林植物种植土层厚度（m）　　　　　　　　　　表3-1

园林植物类型	栽植土层的下部条件		
	漏水层	不透水层	
	栽植土	栽植土	排水层
草　坪	0.30	0.20	0.30
小灌木	0.50	0.40	0.40
中灌木	0.70	0.60	0.40
小乔木	1.20	0.80	0.40
大乔木	1.50	1.10	0.40

园林植物栽植土层土壤学指标　　　　　　　　　　表3-2

指标	种植土层深度（cm）	
	0～30	30～110
容重（g/km）	1.0～1.2	1.45～11.3
总孔隙度（％）	45～55	42～52
非毛管孔隙度（％）	10～20	＞10

植物配置必须适应植物生长的生态习性，有利树冠和根系的发展，保证高度适宜和适应近远期景观的要求。

（2）公园绿化种植布局

根据当地自然地理条件、城市特点、市民爱好，进行乔、灌、草合理布局，创造优美的景观。既要做到充分绿化、遮阳、防风，又要满足游人日光浴等的需要。

首先，用2~3种树，形成统一基调。北方常绿树占30%~50%，落叶树占70%~50%；南方常绿树占70%~90%。在树木搭配方面，混交林可占70%，单纯林可占30%。在出入口、建筑四周、儿童活动区，园中园的绿化应善于变化。

其次，在娱乐区、儿童活动区，为创造热烈的气氛，可选用红、橙、黄暖色调植物花卉；在休息区或纪念区，为了保证自然肃穆的气氛，可选用绿、紫、蓝等冷色调植物花卉。公园近景环境绿化可选用强烈对色，以求醒目；远景绿化可选用简洁的色彩，以求概括。在公园游览休息区，要形成一年四季季相动态构图，春季观花，夏季浓荫，秋季观红色，冬季有绿色丛林，以利游览欣赏。

（3）公园设施环境及分区绿化

城市公园是人们娱乐、休息、游览、赏景的胜地，也是宣传、普及科学文化知识的活动场所。只有在统一规划的基础上，根据不同的自然条件，结合不同的功能分区，将公园出入口园路、广场、建筑小品等设施、环境与绿色植物合理配置形成景点，才能充分发挥其功能作用。

大门为公园主要出入口，大都面向城镇主干道。绿化时应注意丰富街景并与大门建筑相协调，同时还要突出公园的特色。如果大门是规则式建筑，那就应该用对称方式来布置绿化；如果大门是不对称式建筑，则要用不对称方式布置绿化。大门前的停车场，四周可用乔、灌木绿化，以便夏季遮阳及隔离周围环境；在大门内部可用花池、花坛、灌木与雕像或导游图相配合，也可铺设草坪，种植花、灌木，但不应有碍视线，且须便利交通和游人集散。

① 园路

主要干道绿化可选用高大、荫浓的乔木和耐阳的花卉植物在两旁布置花境，但在配植上要有利于交通，还要根据地形、建筑、风景的需要而起伏、蜿蜒。小路深入到公园的各个角落，其绿化更要丰富多彩，达到步移景异的效果。山水园的园路多依山面水，绿化应点缀风景而不碍视线。平地处的园路可用乔灌木树丛、绿篱、绿带来分隔空间，使园路高低起伏，时隐时现；山地则要根据其地形的起伏、环路，绿化有疏、有密；在有风景可观的山路外侧，宜种矮小的花灌木及草花，才不影响景观；在无景可观的道路两旁，可以密植、丛植乔灌木，使山路隐在丛林之中，形成林间小道。园路交叉口是游人视线的焦点，可用花灌木点缀（图3-5）。

② 广场绿化

既不要影响交通，又要形成景观。如休息广场，四周可植乔木、灌木；中间布置草坪、花坛，形成宁静的气氛。停车铺装广场，应留有树穴，种植落叶大乔木，利于夏季遮阳，但冠下分枝高应为4m，以便停汽车。如果与地形相结合种植花草、灌木、草坪，还可设计成山地、林间、临水之类的活动草坪广场（图3-6）。

③ 公园小品建筑

可设置花坛、花台、花境。展览室、游艺室内可设置耐阴花木，门前可种植浓荫大冠的落叶大乔木或布置花台等。沿墙可利用各种花卉境域，成丛布置花灌木。所有树木花草的布置都要和小品建筑协调统一，与周围环境相呼应，四季色彩变化要丰富，给游人以愉快之感（图3-7、图3-8）。

图3-5　太子湾公园园路

图3-6　广场绿化

图3-7　湖滨公园雕塑

图3-8　公园小品

公园的水体可以种植荷花、睡莲、凤眼莲、水葱、芦苇等水生植物，以创造水景。在沿岸可种植水湿的草本花卉或者点缀乔灌木、小品建筑等，以丰富水景。但要处理好水生植物与养殖水生动物的关系。

④ 科学普及文化娱乐区

地形要求平坦开阔，绿化要求以花坛、花境、草坪为主，便于游人集散。该区内，可适当点缀几株常绿大乔木，不宜多种灌木，以免妨碍游人视线，影响交通。在室外铺装场地上应留出树穴，供栽种大乔木。各种参观游览的室内，可布置一些耐阴或盆栽花木。

⑤ 体育运动区

宜选择快长、高大挺拔、冠大而整齐的树种，以利夏季遮阳；但不宜用那些易落花、落果、种毛散落的树种。球类场地四周的绿化要离场地 5~6m，树种类的色调要求单纯，以便形成绿色的背景。不要选用树叶反光发亮树种，以免刺激运动员的眼睛。在游泳池附近可设置花廊、花架，不可种带刺或夏季落花、落果实的花木。日光浴场周围应铺设柔软、耐践踏的草坪。

⑥ 儿童活动区

可选用生长健壮、冠大荫浓的乔木来绿化，忌用有刺、有毒或有刺激性反应的植物。该区四周应栽植浓密的乔灌木，与其他区域相隔离。如有不同年龄的少年儿童分区，也应用绿篱、栏杆相隔，以免相互干扰。活动场地中要适当疏植大乔木，供夏季遮阳。在出入口可设立塑像、花坛、山石或小喷泉等，配以体形优美、色彩鲜艳的灌木和花卉，以增加儿童的活动兴趣。

⑦ 游览休息区

以生长健壮的几个树种为骨干，突出周围环境季相变化的特色。在植物配植上根据地形的高低起伏和天际线的变化，采用自然式配植树木。在林间空地中可设置草坪、亭、廊、花架、坐凳等，在路边或转弯处可设月季园、牡丹园、杜鹃园等专类园。

⑧ 公园管理区

要根据各项活动的功能不同，因地制宜进行绿化，但要与全园的景观相协调。

为了使公园与喧哗的城市环境隔开，保持园内的安静，可在周围特别是靠近城市主要干道的一面及冬季主风向的一面布置不透风式的保护林带。

（4）植物种类的选择

选择适宜栽植地段立地条件的当地适生种类；林下植物应具有耐阴性，其根系发展不得影响乔木根系的生长；立体绿化的攀缘植物依墙体附着情况确定；选择具有相应抗性的种类，以适应栽植地养护管理条件。

铺装场地内的树木其成年期的根系伸展范围广，应采用透气性铺装；公园的灌溉设施应根据气候特点、地形、土质、植物配植和管理条件设置。

（5）苗木控制

规定苗木的种名、规格和质量；根据苗木生长快慢提出近、远期不同的景观要求，重要地段应兼顾近、远期景观，并提出过渡的措施；预测疏伐或间移的时期。

（6）树木的景观控制

风景林郁闭度应符合标准，见表3-3。

不同风景林郁闭度标准 表3-3

类 型	开放当年标准	成年期标准
密 林	0.3～0.7	0.7～1.0
疏 林	0.1～0.4	0.4～0.6
疏林草地	0.07～0.20	0.1～0.3

风景林中各观赏单元应另行计算，丛植、群植近期郁闭度应大于0.5；带植近期郁闭度宜大于0.6。孤植树、树丛应选择观赏特征突出的树种，并确定其规格、分枝点高度、姿态等要求；与周围环境或树木之间应留有明显的空间；提出有特殊要求的养护管理方法。树群内各层应能显露出其特征部分。孤立树、树丛和树群至少有一处欣赏点，视距为观赏面宽度的1.5倍和高度的2倍；成片树林的观赏林缘线视距为林高的2倍以上，各类单行绿篱空间尺度，双行种植时，其宽度按表3-4中规定的值增加0.3~0.5。

不同类型绿篱的空间尺度（m） 表3-4

类 型	开放当年标准	成年期标准
树 墙	＞1.6	＞1.5
高绿篱	1.2～1.6	1.2～2.0
中绿篱	0.5～1.2	0.8～1.5
矮绿篱	0.5	0.3～0.5

（7）游人集中场所的植物选用

在游人活动范围内宜选用大规格苗木；严禁选用危及游人生命安全的有毒植物；不应选用在游人正常活动范围内枝叶有硬刺或枝叶呈尖硬剑、刺状以及有浆果或分泌物坠地的种类；不宜选用挥发物或花粉能引起明显过敏反应的种类。集散场地种植设计的布置方式，应考虑交通安全视距和人流通行，场地的树木枝下净空应大于 2.2m。

（8）儿童游戏场的植物选用

乔木宜选用高大荫浓的种类，夏季庇荫面积应大于游人活动范围的 50%；活动范围内灌木宜选用萌发力强、直立生长的中高类型，树木枝下净空应大于 1.8m。露天演出场观众席范围内不应布置阻碍视线的植物，观众席铺栽草坪应选用耐践踏的种类。

（9）停车场的种植

树木间距应满足车位、通道、转弯、回车半径的要求。庇荫乔木枝下净空的标准为：大、中型汽车停车场大于 4.0m；小汽车停车场大于 2.5m；自行车停车场大于 2.2m。场内种植池宽度应大于 1.5m，并应设置保护设施。

（10）成人活动场的种植

宜选用高大乔木，枝下净空不低于 2.2m，夏季乔木庇荫面积宜大于活动范围的 50%。

（11）园路两侧的植物种植

通行机动车辆的园路，车辆通行范围内不得有低于 4.0m 高度的枝条。

（12）方便残疾人使用的园路边缘种植

不宜选用硬质叶片的丛生型植物。路面范围内，乔、灌木枝下净空不得低于 2.2m；乔木种植点距路缘线应大于 0.5m。

（二）街头绿地及小游园绿化

街头绿地作为城市绿化建设中重要的一环，直接关系到城市的形象，通过带状或块状的"线"性组合，使城市绿地连为一个整体，成为建筑景观、自然景观及各种人工景观之间的"软"连接。因此，街头绿化越来越被大众所重视，其创作的手法、丰富的内容，给城市景观带来了清新的文化艺术氛围（图 3-9）。

1. 街头绿地和小游园在城市中的作用

（1）弥补公园不足，为广大市民提供高质量的游憩环境

小游园具有设备简单、投资少、见效快等特点，与装饰性绿地相比，它具有一些园路、小品等景观和桌、椅等小型设施，使游人既可以欣赏绿地景观，又有活动空间和休息设施，因此是居民娱乐、健身的极好场所。

图3-9　余杭街头绿地

（2）发挥园林的生态效益，改善城市环境

小游园建设要求绿地面积在80%以上，植物配置以乔木、灌木、草花相结合，植物种类较多，覆盖率高，具有降温、吸尘、减噪、净化空气等功能，使人们能够在城市的喧闹中寻得一片"净土"。

（3）装点街景，美化环境

小游园多分布在城市的主、次干道两侧，以植物造景为主，结合园林建筑、园林小品，形成一幅优美的画面，并与城市的建筑协调呼应，装点美化市容。由于游园的形式多样，各具特色，对提高街道绿地的文化内涵和艺术品位也起着重要作用。

（4）节省投资，方便市民

为了改善城市的人居环境，提高绿量，在人口密集、占地较小的城市中可建设大量小游园，小游园一般占地面积小、设计精巧、设施简单，建设和管理较为容易，而且投资少、分布面广，属于开放性绿地，方便市民使用，起到良好的社会效应和经济效应。

2. 街头绿化设计要点与美学特征

街头绿化在不同的城市地域、不同的文化背景下，应表现出不同的风格。优秀的绿地街景，是时代、地域文化、自然环境的反映。在新城建设中，街道绿地相对容易同新的建筑形式、自然建筑物取得协调；而在老城改造中，则要从多方面考虑，既要体现出绿地的时代特点，又要把老城景观中的不利因素加以屏蔽，

真正体现出"佳者收之,俗者摒之"的创作手法,使得街头绿地在不同的城市环境中,都表现出独特的景观内涵。

(1)设计要点和原则

① 与城市道路的性质、功能相适应。由于交通状况的不同、景观元素不同,道旁建筑、绿地以及道路自身的设计都必须符合不同道路的特点。

② 选择主要用路者的行为规律与视觉特性为街头绿地设计的依据,以提高视觉质量。

③ 与其他街景元素协调,即与自然景色、历史文物、沿街建筑等有机结合,与街道上的交通、建筑、附属设施、管理设施和地下管线等配合,把道路与环境作为一个景观整体考虑,形成完善的、具有特色和时代感的景观。

④ 考虑立地条件的各种因素,选择适宜的绿地植物,发挥滞尘、遮荫降温、增加空气湿度、隔声减噪和净化空气等生态功能,形成稳定优美的户外游憩空间。

(2)美学特征

① 不同形式绿地的美学特征

绿地的形式有自然式、规则式、混合式三种,现将它们的美学特征介绍如下。

A. 自然式

连续的自然景观组合,植物层次、色彩与地形的应用,形成变化较多的景观轮廓;在四季之中,表现出不同的个性,且更多地在整体景观中表现"柔"性的内容。

B. 规则式

注重装饰性的景观效果,线性注重连续性,景观的组织强调动态与秩序的变化,形成段落式、层次式、色彩式的组合。修剪的各类植物高、低组合,使得规则式街道绿化的景观效果对比鲜明,色彩的搭配往往更为醒目,成为城市街景的地域性标志。在规则式的布局中,小品等景观构筑物,也有秩序地组合,整体景观以"刚"性的变化为主。

C. 混合式

变化较多,注重景观的共融性,景点的秩序组成不像自然式、规则式注重线的变化。它不强调景观的连续,而更多地注重个性的变化。因此,在城市景观中,混合式的手法较多地使用于城市绿地变化丰富的区域。此形式综合考虑物质、精神、环境等因素，采用自然与规则相结合的设计手法，创造一个开放、宁静的室外空间，给人以轻松、回归自然的感觉。

② 不同创造手段的美学特征

城市绿地街景的自然美往往是将城市自然特征中的景观引入城市街景之中，把不同地理特征的景观内容同城市道路相接，形成独具自然特征的绿地街景。如海滨城市的滨海大道，把海、石、沙滩自然地融入城市街景之中。这些特色鲜明的自然景观，既是自然美的体现，又成为城市绿地景观的标志。

这种人工化的景观，以地域性文化的不同特色，作为景观依据，通过创作与布局，作为一种新的题材内容出现，使街道绿地艺术美的内容表现出来，而且把文化与景观巧妙地结合起来，正是体现了意境美的创作，体现出地域人群的文化底蕴，形成了思想与景观的共融。

③ 不同空间的美学特点

因为街头绿地和小游园是在动态中观赏的，因此在景观的处理上，要着重于绿地景观的动态连续观赏，形成连续的景观变化，并且充分运用视线的流动，以期在绿地街景的布局中，形成具有动态性、秩序性、导向性的景观因素组合，创作出特色鲜明的城市街景。

视线的快速移动，从而形成街道绿地的动感空间。动感空间的多种处理手法，又使其表现出不同的个性。绿地景观因素——线条的连续性、空间的连续性、景观单体的导向性，都形成了各自的内容。

3. 街头绿化和小游园形式

根据绿地大景观考虑栽植形式，街头绿地可分为7种形式，分别如下。

（1）密林式

沿路两侧有浓茂的树林，主要以乔木再加上灌木、常绿树和地被封闭道路，一般在50m以上，两侧景物不易看到。如果是自然式种植，应适应现状地形。可结合丘陵、河湖布置。若采取成行成排整齐种植，则能使景象整齐而庄重（图3-10）。

图3-10　龙井路（密林式）

图 3-11　中河立交（敞开式）

（2）敞开式

路两侧的绿地植物都在视线以下，大都种草，空间全部敞开。在郊区直接与农田、菜地相连，在城市边缘也可与苗圃、果园相邻。这种形式具有开朗、自然和乡土气息，可欣赏田园风光或极目远望，可见远山、白云、海面、湖泊。在路上高速行车，视线极好（图 3-11）。

（3）花园式

主要在商业街、闹市区、居住区前使用，路旁若有一定的空地，在用地紧张、人口稠密的街道旁可建花园式小游园或绿荫广场。

（4）防护式

一般用于市内。在工业区、居住区周围作为隔离林带。以防噪、防尘或防空气污染的林带与街道绿化相结合。因此，需要一定的用地，小规模的隔离带宽度为 15~18m。

（5）自然式

沿街在一定宽度内布置有节奏的自然树丛，树丛由不同植物种类组成，具有高低、浓淡、疏密和各种形体的变化，形成生动活动的气氛。这种形式能很好地与附近景物配合，增强了街道的空间变化。但夏季遮荫效果不如整齐的行道树，在路口、拐弯处的一定距离内不种灌木以免妨碍司机视线。条状的分车带内种植自然式，需要有一定的宽度，一般要求最小 6m。还要注意与地下管线的配合。所用的苗木，也应具有较大的规格。自然式配置使街道空间富有变化，线条柔美，但要注意树丛间要留出适当距离并有所呼应。

（6）滨河式

道路的一面临水，空间开阔，环境优美，是市民休息游憩的良好场所。在水面不十分宽阔、对岸又无风景处，绿地可布置得较为简单，树木种植成行，岸边设护栏，树间安放座椅，供游人休憩。如水面宽阔，沿岸风景较好时，可在沿岸边宽阔的绿地上布置游人步道、草坪、花坛、座椅等绿地设施。游步道应尽力靠近水边，或设置小型广场和临水台，满足人们的亲水感和景观要求（图 3-12）。

图 3-12 滨河式道路绿化

（7）简易式

沿路两侧各种单一行道树种：乔木或灌木形成一绿带，一般这种形式在道路中间成为快车道与慢车道的隔离带，这种形式为简易式。

4. 街头绿化和小游园的植物配置

（1）与环境结合

树种的选择应与建筑的性质和形体结合，如在古建筑前一般不植雪松、广玉兰等外来树种，而现代建筑前一般不宜种植形体较粗、生长快的乡土树种。

（2）体现地方风格，反映城市风貌

小游园要从树种选择、配置、构图意境等方面显示城市风貌，体现本地特色。

（3）严格选择主调树种

考虑主调树种时，除注意其色彩美和形态美外，更多地要注意其风韵美，使其姿态与周围的环境气氛相协调。

（4）注意时相、季相、景相的统一

游园中的景物既要考虑瞬时效应，也要考虑历时效应，园景只有常见常新才能有最高效益，在季相上，园内应体现"春有芳花，夏有浓荫，秋有色叶，冬有苍翠"的季相变化使四季景观变化无穷。

（5）乔灌木结合

为在较小的绿地空间取得较大活动面积，而又不减少绿景，植物种植可以以乔木为主，灌木为辅，乔木以点植为主，在边缘适当辅以树丛，灌木应多加修剪，适当增加垂直绿化的应用。

5. 街头绿化和小游园绿化建设

小游园是城市公共绿化的一个重要组成部分，它的建设不仅在于环境改造，而且使城市绿地空间更为充实，给游人和市民带来了情感享受。小游园建设与整个城市的绿地布局关系密切，它能完善城市的绿地系统，更好地发挥园林绿地的功能，达到装点街景、扩大绿地面积、改善生态环境的效果与目的。小游园建设还是一项社会性的公益性事业，并具有城市改造基础设施的性质。目前街头绿化和小游园绿化建设呈现良好的发展趋势和特点。当前园林绿化建设中行之有效并值得推广的经验如下：

（1）由随意种植向按规划设计施工转变

建设小游园，规划是先导，设计是依据。小游园内的人与物、人与环境之间应达到较好的协调，并具有较高的艺术水准，以确保城市绿化质量与景观效果，使建成后的小游园也可作为评价城市环境质量的一个标志。同时，根据风景游览和历史文化名城的特色和市民、游客生活方式上的变化，小游园规划、设计中的内容与形式也要有所变化，力求创新，发展个性与特点。近年来在杭州市区建成的小游园，都尽量做到了各具特色。按规划设计施工，避免了种植的盲目性，减少了人力、物力的浪费。现在一条新路、一块空地、一个花坛的绿化，不再按照20世纪80年代所倡导的"见缝插绿"的绿化原则，而是由设计部门按照城市规划，从园林艺术角度出发，做出施工方案，经过论证后，再予以实施。这样做不致因其他城建工程的进行而影响绿化，对巩固绿化成果和促进绿化水平的提高，都起到十分重要的作用。

要使城市绿地发挥良好的效益，满足市民和游客需要，完善城市的环境景观，就需按规划组织建设，使之形成完整的绿地系统。目前各城市已在完成公园布局和道路绿化之后，加强对局部环境的改造与提高，以期形成设施完善、环境优美的园林绿地。

（2）植物品种由少量向丰富多彩转变

在城市绿化的初始阶段，多以乡土树种为主，种类偏少，尤其是常绿植物材料更少。后来，从各地大量引种、驯化及扦插、播种，培育了大量种苗，加强了物种多样性的丰富度。

（3）由重种植轻养护向注重管理转变

为了让绿色植物充分发挥绿化、美化功能，一改过去粗放管理的状况，尽可能创造有利于植物生长的土壤、水肥条件。栽植前深翻并改良土壤，施足基肥，定植后及时锄草耙地，并按具体要求修枝、定干，以培养优美的树形。日常养护中，加强肥水管理，及时剪除枯枝和影响观赏的枝条，加强病虫害防治工作。曾经严重危害国槐的尺蠖、潜叶蛾、红蜘蛛，危害青桐的木虱及法桐袋蛾，经过研究攻关，已得到有效控制。

图3-13　东河绿化

城市小游园建设是一项社会性的公益事业，不以盈利为目的。因此，需要调动各方面的积极性来共建，以促进城市风景资源的保护和利用。如桂湖边众多小游园的建成，不但使护城河得到充分保护，并为游客和市民提供了良好的游憩空间，形成了既有自然景观，又有人文景观，环境优美的园林绿地（图3-13）。它既丰富了旅游景观，更能满足人们接近自然、返璞归真的愿望。目前，众多小游园已成为人们锻炼、游乐之处，起到了振奋市民精神面貌的作用。

（三）滨河绿化

滨河绿带是城市的生态绿廊，具有生态效益、审美效益和游憩效益。在城市中与人接触面广，利用率高，是市民日常游憩、锻炼、文化娱乐活动非常方便的公共绿地。利用河、湖等水系沿岸用地，结合城市改造、河流保护、治理和泄洪功能，有些滨河绿地还兼有防风、防盐雾、防海啸等功能。建设滨河绿带，投资少，见效快。

滨河绿带以带状水域为核心，以水岸绿化为特征，是城市带状公园中最具代表性的一种，也是城市开发中的重要资源，滨水景观是城市中最具生命力与变化的景观形态，是城市理想的生境走廊，也是最高质量的城市绿线。滨河绿带应确定其总体功能定位，在此基础上考虑土地使用功能是否合适与是否有调整的可能，进而改善相关河道与道路的关系，扩大滨水地区的绿化系统，确定景观布局方式，充分发挥城市河湖沿岸的环境优势。

图3-14　滨河绿化（铁沙河）

滨河区多呈现出沿河流走向的带状空间布局。在进行规划设计时，应将这一地区作为整体全面考虑，通过林荫步行道、自行车道、植被及景观小品等将滨河区联系起来，保持水体岸线的连续性，而且也可以将郊外自然空气和凉风引入市区，改善城市大气环境质量。同时在这条景观带上可以结合布置城市空间系统绿地、公园，营造出宜人的城市生态环境。一条滨河绿带仅仅一条线不会给城市带来全面的美化，通向滨河地带的"通道"应是滨水地带的延伸。线性公园绿地、林荫大道、步道及车行道等皆可构成水滨通往城市内部的联系通道。在适当的地点进行节点的重点处理，放大成广场、公园，在重点地段设置城市地标或环境小品。将这些点线面结合，使绿带向城市扩散、渗透，与其他城市绿地元素构成完整的系统（图3-14）。

在滨河绿化建设过程中，从规划、设计到施工以及后期持续的养护管理都必须遵循一定的原则和有效的科学方法，才能达到人景的和谐共处。

1. 滨河绿化规划理念

（1）现代规划理论学基础

立足人们普遍的审美观念，注重环境的和谐，在充分满足人使用功能的基础上，体现人文特色，凝练文化底蕴，合理布局，以体现景观的和谐性，使景观空间和功能与环境相协调，营造城市和谐的河滨绿地。

（2）传统文化理论基础

中国传统文化认为：水，为万物之灵，生命之源。她，更赋予公园以最自然的灵性美感，临近水边，使人心旷神怡，远离尘嚣，静谧和平；还有增加空气湿度，调节空气温度，改善环境质量的生态功能。设计时充分利用先有的河道，因地制宜，在各景观节点则设置小型广场及休闲逗留空间，成为人们驻足停留、休息交流的场所。

（3）景观延续性

在规划建设中保持与自然环境和城市文脉相协调，加大城市绿化面积，体现整体的延续性。

（4）景观艺术性

在充分满足功能和经济可行的前提下，赋予文化和艺术的内涵，将园林设计的艺术手法融入绿地设计中，在打造城市生态园林滨河绿地的同时，力求使该绿地具有鲜明的城市文化特色。

（5）经济合理性

滨水绿化的总体构思应尽可能多地扩大沿河绿地面积，形成连续性绿化带，用绿色来延续城市文脉。同时，以良好的绿色空间，优化环境景观质量。在绿化种类上，发展丰富的、多层次的绿化体系，绿化系统中采用树、花、草并茂，并以树为主的原则，增强滨水绿化空间的层次感，使完整连续的滨水绿带既有统一的整体面貌，又有层次分明、富有变化的节奏感，增强滨水空间的视觉效果。

（6）生态绿化与景观绿化相结合

在突出滨河森林地调节气候、净化空气、改善空间环境质量的同时，注意结合树种特性，营建具有地方特色文化内涵的绿化景观。

（7）追求园林植物群体美景观，发挥大自然生态群落效应

园林植物群体美，是现代风景园林美的一种具体表现形式，是通过相近植物与同种植物按园林艺术美的韵律节奏与比例协调关系的组合布局，表现植物群体规模，以体现景观的气势雄伟，并且表现组合植物景观美。园林植物按生态规律布局，最大限度发挥植物自然生态群落效应，改善生态环境；并为城市输送大量氧气，成为"城市绿肺"，最大限度缓解城市热岛效应。

2. 滨河林荫步行道的绿化原则

（1）应充分利用宽阔的水面，临水造景，运用美学原则和造园艺术手法，利用水体的优势与特色，以植物造景为主，配置游憩设施和有特色风格的建筑小品，构成有韵律、连续性的优美彩带。使人们漫步林荫下，或临河垂钓、水中泛舟，充分享受自然气息。

（2）滨河绿地主要功能是供人们游览、休息，同时可以护坡、防止水土流失。一般滨河绿带一侧是城市建筑，另一侧是水体，中间为绿带。绿带设计手法取决

于自然地形、水岸线的曲折程度、所处的位置和功能要求等。如地势起伏、岸线曲折、变化多的地方采用自然式布置。而地势平坦、岸线整齐，又临宽阔道路干道时则采用规则式布置较好。

规则式布置的绿带多以草地、花坛群为主，乔木、灌木多以孤植或对称种植。自然式布置的绿带多以树丛、树群为主。

（3）为了减少车辆对绿地的干扰，靠近车行道一侧应种植一行或两行乔木和绿篱，形成绿色屏障。但为了水上的游人和河道对岸的行人见到沿街的建筑艺术，不宜完全郁闭，要留出透视线。沿水步道靠岸一侧原则上不种植成行乔木。其原因一是影响景观视线，二是怕树木的根系伸展破坏驳岸。步道内侧绿树宜疏朗散植，树冠线要有起伏变化。植物配植应注重色彩、季相变化和水中倒影等。要使岸上的游人能见到水面的优美景色，同时，水上的游人也能见到滨河绿带的景色和沿街的建筑艺术，使水面景观与活动空间景观相互渗透，连成一体。

3. 滨河绿化应注意的几个方面

（1）滨水区绿地空间设计囿于城市人工环境空间思维和手法，没有或很少考虑到城市河流的自然属性和自然风韵的内在要求，没有考虑到水滨生态系统的功能和结构上的特殊性。在水边引入大量所谓"名花异木"的外地物种，会影响本地河岸植被群落的物种和结构稳定，甚至彻底排挤并最终毁灭水滨的原生乡土植被，导致整个水滨生态系统的崩溃。

（2）一味追求形式美，或局限于工程要求，以简化的人工绿化代替河岸自然植被。表现在滨水区植物景观的配置和设计上；滨水绿化层次极其单调，大面积人工草皮覆盖了河堤，一排高大的行道树沿河排列，仅此而已。原本丰富多样的生境被破坏殆尽。

（3）绿化植物的选择——培育地方性的耐水性植物或水生植物为主；同时高度重视水滨的规划植被群落，它们对河岸水际带和堤内地带这样的生态交错带尤其重要。

（4）城市水滨的绿化应尽量采用自然化设计。不同于传统的造园，自然化的植被设计要求：①植物的搭配——地被、花草、低矮灌丛与高大树木的层次和组合，应尽量符合水滨自然植被群落的结构，避免采用几何式的造园绿化方式。②在水滨生态敏感区引入天然植被要素，比如在合适地区植树造林恢复自然林地，在河口和河流分合处创建湿地，转变养护方式培育自然草地，以及建立多种野生生物栖息地。这些自然群落具有较高生产力，能够自我维护，只需适当的人工管理即可，具有较高的环境、社会和美学效益，同时在耗能、资源和人力上具有较高的经济性。

（5）在滨水植被设计方面，应增加植物的多样性。这种群落物种多样性大、适应性强，是城市野生动物适应的栖息场所。它们不仅在改善城市气候、维持生态平衡方面起到重要作用，而且为城市提供了多样性的景观和娱乐场所。另外，增加软地面和植被覆盖率，种植高大乔木，以提供遮荫和减少热辐射。城市水滨的绿化应多采用自然化设计，植被的搭配——地被花草、低矮灌丛、高大树木的层次组合，应尽量符合自然植物群落的结构。

（四）城市广场绿化

广场是城市空间构成的重要组成部分，它不但可以满足城市空间构图的需要，更重要的是能为市民提供一个社交、娱乐、休闲和集会等活动的公共场所。虽然按使用功能来划分，广场有交通集散广场、市政广场、纪念广场、文化广场、游憩广场等多种类型，在现代社会快节奏的都市生活中，广场能为市民献上一分宁静与恬暇；在拥挤的都市水泥森林中，广场能为市民守住一片绿洲与舒朗。而且，城市广场及其代表的文化是城市文明建设的一个缩影，它作为城市的客厅，可以集中体现城市的风貌、文化内涵和景观特色，并能增强城市本身的内聚力和对外吸引力，进而可以促进城市的各方面建设，完善城市的服务功能。城市居民对广场的依赖越来越强烈，伴随着城市的发展而发展起来的城市广场，越来越多地受到人们的关注。城市广场被赋予了新的内涵，它是为了满足多种城市社会需要而建设的，具有一定的文化内涵的户外公共交往空间，成为城市整体空间环境中不可分割的一个组成部分，甚至成为城市的标志（图3-15）。

图3-15　城市广场绿化（武林广场）

1. 广场绿化的作用

广场绿化是广场建设中不可缺少的组成部分，是广场景观的主要辅助手段之一。

（1）广场绿化可以调节空气的温度、湿度和流动状态。

（2）广场绿化可以吸收二氧化碳，放出氧气，并能阻隔、吸收烟尘、降低噪声。

（3）广场绿化根据不同要求，利用不同植物观赏形态并加以设计，以增加广场绿色景观，丰富广场美的感受。

（4）增加城市绿化覆盖率。根据国家有关规定，以游憩和景观功能为主的城市广场其绿地率应不低于60%。

2. 广场绿化的分类设计

广场绿化首先要根据广场的不同使用类型进行分类。一般可分为几个基本类型：

（1）政治性、纪念性和文化性广场包括首都和各类城市的政治集会广场、政府建筑前广场、纪念性广场等，绿化要求严整、雄伟，多为对称式布局。

（2）公共建筑物前广场，包括剧场、俱乐部、体育馆、展览馆等建筑物前广场，绿化主要是起着陪衬、隔离、遮挡等作用。

（3）客运站前广场，包括火车站、民用机场和客运码头前广场，是旅客集散、短时停留的场所，广场绿化布置应适应人流、车流集散的要求，同时还要创造出比较开敞、明快的效果。

（4）道路交通广场，包括城市主要道路交叉口等，绿化设计主要应能疏导车辆和行人有序通行，保证交通安全。面积较小的广场可采用草坪、花坛为主的封闭式布置，较大的广场可用树丛、灌木和绿篱组成不同形态的优美空间。

3. 广场绿地的植物配置

根据广场设计要求，同时并根据植物生态习性，合理配置广场中的各种植物，以发挥它们的绿化、美化作用，广场植物配置是广场绿化设计的重要环节。

广场植物配置包括两个方面：一是各种植物相互之间的配置，根据植物种类选择树丛的组合、平面和立面的构图；二是广场植物与广场其他要素（如广场铺装、水景、道路等）相互间的整体设计。

（1）广场植物种类的选择

不同植物具有不同的生态习性和形态特征，它们的干、叶、花的形状和姿态以及其质地、色彩在一年四季存在不同变化和景观差异。因此，在进行广场植物配置时，要因地制宜，充分发挥植物特有的观赏作用。广场绿地的功能与广场内各功能区相一致，能更好地配合和加强该区功能的实现。如休闲区规划则应以落叶乔木为主，冬季的阳光、夏季的遮阳都是人们户外活动所需要的。应考虑到与该城市绿化总体风格协调一致，结合地理区位特征，物种选择应符合植物区系规律，突出地方特色。

① 冠幅大，枝叶密：冠大枝叶密的树种夏季形成大片绿荫，可降低温度、避免行人暴晒。如北京槐树中年期冠幅达10m多，上海、南京和郑州的悬铃木，冠大荫浓。

② 耐瘠薄土壤：城市中土壤瘠薄，且树多种在道旁、路肩、场边，或加限的砖砌、加土。受各种管线或建筑物基础的限制、影响，树体营养面积很少，补充有限，因此，选择耐瘠薄土壤习性的树种尤为重要。

③ 具深根性：营养面积小，而根系生长很强，向较深的土层伸展仍能根深叶茂。根深不会因践踏造成表面根系破坏而影响正常生长，并能抵御一般摇、撞与暴风袭击而巍然不受损害。而浅根性树种，根系会拱破路石或场面，很不适宜铺装。

④ 耐修剪：广场树木的枝条要求有一定高度的分枝点（一般在2.5m左右），侧枝不能刮碰过往车辆，并具有整齐美观的形象。因此，每年要修剪侧枝，树种需有很强的萌芽能力，修剪以后能很快萌发出新枝。

⑤ 抗病虫害与污染：病虫害多的树种不仅管理上投资大，费工多，而且落下的枝、叶，虫子排出的粪便，虫体和喷洒的各种灭虫剂等，都会污染环境，影响卫生。所以，要选择能抗病虫害，且易控制其发展和有特效药防治的树种，选择抗污染、消化污染的树种，有利于改善环境。

⑥ 落果少或无飞毛：经常落果或飞毛的树种，容易污染行人的衣物，尤其污染空气环境。所以，应选择一些落果少、无飞毛的树种，用无性繁殖的方法培育雄性不孕系也是解决这个问题的一条途径。

⑦ 发芽早、落叶晚：选择发芽早、落叶晚的阔叶树，绿化效果长。

⑧ 耐旱、耐寒：选择耐旱、耐寒的树种可以保证树木的正常生长发育，减少管理上财力、人力和物力的投入。北方大陆性气候，冬季严寒，春季干旱，致使一些树种不能正常越冬，必须予以适当防寒保护。

⑨ 寿命长：树种的寿命长短影响到城市的绿化效果和管理工作。寿命短的树

种一般 30~40 年就要出现发芽晚、落叶早和焦梢等衰老现象，而不得不砍伐更新。所以，要延长树的更新周期，必须选择寿命长的树种。

（2）广场植物配置方式

广场植物配置方式有自然式和规则式两种。

① 排列式种植

这种形式属于整形式，主要用于广场的周围或者长条形地带，它可以起到严整规则的效果，可以用作隔离或遮挡，也可以作为一个背景。在绿化栽植上，应采用乔、灌、花、草配置，在配置上要考虑树木的习性、特性（形体、色彩），并注意株间有适当的距离，以保证足够的阳光和营养面。

② 集团式种植

把几种树组成 1 个树丛，可用乔木和灌木组成树丛，也可用灌木和灌木，还可用灌木和花卉。集团式也是整形式的一种。

③ 自然式种植

这种形式与整形式不同，这种布置在一定地段内，树木的种植不是按一定的株行距排列，是疏落有序的自然式布置。自然式树丛布置应密切结合环境，使每处植物不但茁壮成长，而且生动活泼。

④ 街头小广场绿化

在城市干道旁供居民短时间休息用的小块绿地，面积较小，一般在 $4hm^2$ 以下，有的街头休息绿地的面积只有几百平方米，甚至只有几十平方米。街头小广场由于绿地面积不大，绿地种植可采用树丛、树群、孤立树、花坛、草地等形式（图3-16）。

（3）广场植物配置的艺术手法

① 对比和衬托。运用植物不同形态特征（包括高低、姿态、叶形叶色、花形花色）的对比手法，配合广场建筑其他要素整体地表达出设计的构思和意境。

② 韵律、节奏和层次。广场植物配置的形式组合应注重韵律和节奏感的表现。同时应注重植

图3-16　广场景色

物配置的层次关系，尽量求得既要有变化又要有统一效果。

③ 色彩和季相。植物的干、叶、花、果色彩丰富，可采用单色表现和多色组合表现，达到广场植物色彩搭配取得良好图案化效果。要根据植物四季季相，尤其是春、秋的季相，处理好在不同季节中植物色彩的变化，产生具有时令特色的艺术效果。

图 3-17　河道景色

（4）广场水景绿化配置

水景绿化配置宜选用耐水喜湿的植物。在有倒映的水景水面，不宜栽植水生植物，以免破坏映像效果。其他要求可根据广场的性质进行合理的植物搭配（图 3-17）。

4. 目前城市绿化广场建设中存在的误区

（1）形式雷同

纵观我国城市大大小小的绿化广场，多以喷泉、绿地、雕塑几个建筑元素进行堆砌，形成千篇一律无特色的格局。

（2）广场功能定位不准

城市绿化广场是市民参与社会活动的场所，而不仅仅是以政治、纪念意义为主，在体现"以人为本"的社会参与性规划设计方面做得不够。

（3）城市文化体现不够

城市绿化广场的建设在挖掘城市文化内涵方面做得不够，以格式化的建设取代个性化的城市文化，或以粗制滥造、令人难以解读的所谓城雕为主景的做法也很普遍。

（4）因地制宜、因财制宜做得不够

在城市绿化广场建设中，一哄而上，比排场、讲规模；抛弃原有的绿地，一律建广场的做法是不可取的。

（5）对不同季节处理重视程度不够

不同的季节呈现出明显不同的景观特色，在广场设计时理应考虑到这些因素。可是，大草坪这种单一的景观处理手法实难与各季节的景观特色相协调。在炎热的夏天,由于广场内缺少高大的遮荫乔木,使得游人无处躲避烈日的烘烤;在生物萧条的秋冬季,草坪都已枯黄,这时广场呈现给人的将是一片荒凉与衰败的景象。这些不利的影响将会大大降低广场的吸引力及重游率。所以广场设计应结合不同季节的特色作相应的植物配置及景观处理。

5. 对我国城市绿化广场建设的建议

(1) 城市文化的认知上

城市是人类文明的结晶,每一个城市所走过的历史是不尽相同的。在城市绿化广场建设中,地方特色的保护、历史文脉的继承是非常重要的。一个有地方特色的广场也往往被市民和来访者看作象征和标志,产生归属感。

(2) 广场功能的定位上

城市绿化广场是人们进行交往、观赏、娱乐、休憩等活动的重要城市公共空间,在广场空间环境建设中,应贯彻以人为本的人文原则,重视公众的参与性,而不是把广场功能只定位于政治活动、纪念活动的场所,把整个广场做得宏伟有余、亲切不足。在城市绿化广场的规划设计中,应从多个层面去进行规划,以满足不同年龄层次、不同文化层次、不同职业的市民对广场空间的需要。

(3) 环境的规划与设计上

① 城市绿化广场规划应注意人体尺度,广场空间才亲切舒适。而我国的一些城市绿化广场尺度巨大,对人有排斥性,应倡导一些温馨和谐的气氛,多一些情趣、少一些严肃与敬畏。广场应根据所在位置,确定不同的空间环境组合,一味求大是不可取的。

② 城市绿化广场的造景元素应是多种多样的,不应拘于一种形式。在以草坪和硬铺装占主体的广场中,硬铺装吸热,而草坪又不能遮挡阳光。试想夏天烈日炎炎、冬天北风冽冽,又有几人能在这毫无庇护的广场上停留。

③ 因地制宜地设置城市绿化广场,不仅能合理利用土地资源,而且能够结合环境、美化城市空间,创造出独具一格的园林景观。如大连的星海广场,位于大连市区西星海湾畔,海风、蓝天、绿野互为装点,相映成趣。中央音乐舞台红色圆形地面和外围黄色五角星形,明喻星海之星,而中央绿化大道直指海滨,引入海宇,星海湾一目了然,建立了城市与大海、城市与自然之间的对话。

(4) 经济基础和管理制度上

① 城市绿化广场的好坏在于它的环境效应和满足社会需求的功能上,而不是

在于其规模大小、华丽与否。在建设城市绿化广场的大潮中，各城市不应一哄而上，比规模、讲大小，而应从多方考虑，并根据自身的经济承受能力，因地制宜、因财制宜地建设，为市民办实事、办好事。

② 在城市绿化广场的管理上，应进行广泛的社会宣传，让市民意识到城市广场是与每一位市民的生活息息相关的，让市民参与城市广场的管理，使他们真正关心、热爱自己的广场，从而提高广场空间的安全度、舒适感以及各种环境设施的使用寿命，满足人们的活动需求。还要通过种种媒介经常性地向市民介绍有关广场建设的新成绩和存在的问题，以及发展方向，使"人民广场人民建、人民广场人民管"，这样才能塑造一个良好的城市绿化广场环境。

相对来说，城市绿化广场在满足人们的社会生活、改善城市环境的特色地位方面是不能被取代的，在城市建设中有较大的发展空间。只要在人文、文化、生态、社会特色这几个方面做好文章，城市绿化广场是能够得到充分发展的。

二、城郊绿化工程

由于现代城市（特别是特大城市）包括了其周围的郊区，将市区与郊区进行整体规划是城市生态建设的主要内容。根据景观生态学原理和方法，合理地对城郊景观空间结构进行规划，使廊道、斑块及基质等景观要素的数量及其空间分布合理，使市区内、郊区内及市郊之间的信息流、物质流与能量流循环畅通。既要使城郊景观符合生态学原理，又要使之具有一定的美学价值。将自然组分引入城市的规划与建设中，使城市景观具有多样性。在城市建设中，城郊景观格局布设合理，增加绿色生态系统；城市美化、绿化与郊区防护相结合，物种多样，搭配合理。城市林业规模要求具有点、线、面结合布局的森林网络，绿色覆盖率大，多从景观考虑布局，要生产、观赏、旅游相结合。而城区绿化多偏重具体微观环境，重美化，较精致，室内外个体绿色面积有限，多重植物配置和人工造景，注重观赏性。

从景观研究的角度上看，城郊林业是一个统一整体，包括市区、郊区的林业体系。一般分为三个层次：①城区绿化、美化、香化、园林化。乔灌草结合，见缝插绿，构成城区绿化体系。②近郊林果带（片林）。包括近郊果园、近郊公园、防护林等。具有生产、休憩功能，辅助、调节城区的环境。③远郊森林带（片）。

包括风景林、森林公园、各种防护林带及其他森林类型，具有较完备的森林体系，较全的森林功能，可供森林旅游、疗养、度假、野营、探险等。城郊林业分层不一定明显，因地理位置、交通、经济条件等不同，有时呈现出环带浑然一体的体系，有时则各层相间，呈现层内又分层的景观。因此，应用景观异质性原理指导城市建设和城市生态环境建设是十分有意义的。

(一) 入城口绿化景观

城市形象是城市社会、经济、文化和环境的内质与外显的综合表现。城市入口是城市形象的第一敏感区，塑造城市入口形象是城市入口景观绿化的首要任务。城市入口形象定位是城市入口绿化设计的首要依据。出入口区作为城市人流物流的主要窗口，是城市具有代表性的一个地方，在设计上要充分体现景观的标识性，以地方特色为设计的立意点和出发点，创造一个环境优美、具有地方特色的城市出入口景观，以鲜明的景观形式展示城市的精神面貌。

（1）城市入口是城市的门户，是城市与外部的连接点，人流物流的必经通道，又是组成城市空间体系的元素之一，对城市的景观塑造和形象特征表现起着重要的作用。城市入口的绿化景观设计，宏观目标是塑造和完善城市形象，微观目标是通过对交通、构筑物、道路设施、绿化和环境小品的规划设计，使其具有明显的环境特征，给来访者留下美好的深刻印象，为人们提供舒适的交通，为城市增添美景。从某种意义上讲，现代的城市入口如同古代风格各异的城门。绿化是重中之重，所以在绿化过程之前应首先明确几个方面的问题。

①需进一步明确城市出入口景观区的定位。城市出入口景观区有以下几个特点，区别于城市内的园林绿地。首先，出入口景观区位于连接城市与城市交通命脉的交界处，是城市的一个主要对外窗口，所以在规划中必须突出景观的特色，以清新、独特的风格吸引每一位过客的眼光；其次，出入口景观区相对城市景观绿地，与居住区相距较远，故其休闲性降低，观赏性增加，在设计中应该以观赏性为主要设计方向；第三，出入口景观区一般处于郊区，自然条件相对优越，但缺乏统一的规划管理，景观的整体视觉效果零乱，因此在园林绿化景观的规划设计中必须考虑视线的通透和景观层次的丰富，最大限度地屏去破坏景观效果的视觉败笔。

②强化城市出入口景观区交通流线的动态视觉景观。城市出入口区是联系高

速公路与城市的枢纽地段，是各种速度共存的空间，并以车流速度为主，必须更多地考虑到路段上行驶的车流中人的视觉景观效果，考虑到动态景观与静态景观引起的视觉景观差异，考虑行进中景观的变化和延伸性，以及动态景观序列的组织。

③城市出入口景观区的标志性。

（2）在具体城市出入口区景观绿化设计中应把握的原则：

①景观环境的醒目性与观赏性。作为连接高速公路或城间公路与城市环境的空间节点，优美的景观环境可以打破高速公路两侧因为技术和绿化问题引起的视觉单调感，留给步入城市空间的四方宾客一种亲切而深刻的第一印象。

②景观的生态性和可持续性。要从生态学的角度出发，利用本地的乡土植物，适当引用外地树种，形成良性循环的植物群落和景观环境。生态是物种与物种之间的协调关系，是景观的灵魂。它要求植物的多层次配置，乔灌花、乔灌草的结合，创造植物群落的整体美。同时在植物配置与硬质景观设计上取得统一，满足植物生长的环境要求，突出乡土树种的主导地位，表现植物季相变化的生态规律，充分体现植物生态造景的原则。

可持续发展是人类 21 世纪的主题。城市入城口作为一个对外开放的绿色通道，在作景观绿化的同时，对其今后 20 年的发展状况做出预测，尽量给控制红线以外的地段留下充分的发展空间，同时也保留现有的一些好的山体和树木群落，加强自然景观要素的运用。

③景观的地方特色。将自然因素与人文因素相互融合，创造风格独特的城市出入口景观，这样既有利于城市文脉的延续，又有利于地方特色的形成。

④整体性和个性和谐发展。绿化景观设计从城市整体出发，着意创造出一个充满文化气息、突出地方特色的人文景观，注重"意境"的创造，主题鲜明，体现和展示城市形象和个性。在城市绿化总体规划过程中确定的格局基础上进行设计，强调入城口的景观整体性，而每个景点在突出主题的情况下又各具特色，整体性和个性和谐统一，使之成为城市的标志之一。

⑤植物配置遵循"树木成群，花木连片"的原则。主要以群植和片植为主，通过丰富多样的植物，营造具有地域特色的植物景观。

通过对城市入城口的绿化建设，构成一个从乡村到城市的景观序列。郁郁葱葱的景观绿带就是植物构筑的长廊。特别是入城口道路的绿化更给人们一种暗示，树木由丛生、混生渐渐过渡到带状整齐分布，越近城市，灯饰、景物渐渐出现，人工味道重起来，人们通过车窗外的景物变换可以感受到从自然随意到整齐有序，从乡村到城市的过程。这是一个进入城市的序列，让树木花草传递信息。表达一个生态的、可持续发展的主题。入口的乡土树木表现了地域特征，植物的季相变化及花开花落揭示了生命的规律。

入城口快速干道的过境者具有一定的速度，在景观设计时应注意静态观赏与动态观赏相结合，遵从人的视觉规律。视线范围内的景物着重塑造块面的总体效果。有关资料表明：汽车行驶速度提高，视野变小，司机注意力集中点距离变大，清楚辨认前方距离缩小，而两侧距离加大。中央分车带以色块表现，段落变化在200m左右。两侧绿带绿化种植为组团式，突出群体效果。特别是成片种植季相变化明显的树种，景观随时间季节而变化，能给人一种强烈的视觉感受，引起心理共鸣，体现了园林艺术空间之美和时间之美，从而产生"无边落木萧萧下，不尽长江滚滚来"的意境。

城市入口的道路绿化是城市绿地系统网络骨架绿色空间的延续，起着塑造城市形象、改善生态环境的重要作用。道路绿化带采用大手笔、大色块手法，空间上采用多层次种植，平面简洁有序，线条流畅，强调整体性和导向性。形成一个完整的绿地景观序列，能给人留下深刻的印象。

（二）防护绿带

城郊防护绿地以防风固沙、减少强风对城市的袭击为主要目的，同时兼有美化城市、净化空气、改善城市生态环境的重要作用。由于多种原因，现在一些城市原有的城郊结合部防护林由于城市化进程的推进被砍伐毁灭，一些公路的成材树有的也被砍伐掉了；整体的防护林体系受到严重破坏，使得风沙乘虚而入，对城市造成严重的侵袭和威胁，所有这一切要求我们必须正视城市防护绿地的规划建设问题。

1. 城市防护绿地的作用

（1）城市防护绿地的主要作用是防风固沙，改善城市环境条件，降低风速以减弱其对城市的侵袭，滞尘防沙，保护城市正常运行。

（2）城市防护绿地有降低大气中CO_2的含量、吸收有毒气体、减弱温室效应、降温保温等的生态效益。

（3）城市防护绿地可以降低噪声、净化水体、净化土壤、杀灭细菌、保护农田

(4)城市防护绿地有美化城市、突出城市文化、城市特色的作用。

通过对防护林的合理规划设计,可做成郊区风景区、公园、果园或郊区风景地、郊区公园等形式供人们在休闲时来这里游玩、呼吸新鲜空气,在建设上应突出本城市的文化特点和突出本市的基调树种,增强城市的特色。郊区防护林的建设,不仅为市区提供了一个洁净的环境,而且还能给人们从心理上提供一种安慰,为人们在城市中生活的烦躁情绪提供一个良好的解除场所。

2. 城市防护绿地类型

(1)城市防风林

这类防护林多在市郊的农村或田野中,一般由几带组成,每带有不小于10m的主林带和与主林带垂直的副林带,其宽度应不小于5m,以便阻挡从侧面吹来的疾风。

(2)城市引风林

在夏季炎热的城市中,由于城市热岛效应加强,静风时间增长,城市高温持续时间有增无减。为了改善这种状况,选择在上风方向的城郊自然山林和湖泊水面的凉爽环境,在城市和山林、湖泊之间建设一定宽度的城市楔形绿地或城市引风林,把城郊自然山林和湖面上的冷凉空气引入城中,改善城市的生态环境。

(3)城市生态防护绿地

城市生态防护绿地指城市建成区外围各类生态防护绿地的总称。包括市郊风景区、果园、风景林与鱼塘、森林公园、农田防护林、水土保持林、水源涵养林、城市防风固沙林、城市引风林及其他各类防护林带和一般公益林地。

(4)道路防护绿地

道路防护绿地是以对道路防风沙、防水土流失为主,兼以农田防护为辅的防护体系,它包括高速公路防护林、城市主干道防护绿地和街道防护绿地,它在防风固沙的同时,给司机和乘客创造优美的绿色景观。

(5)铁路防护绿地

铁路防护绿地也应与两侧的农田防护林相结合,形成整体的铁路防护林体系,充分发挥林带的防护作用。

(6)工厂矿区防护绿地

工矿企业是城市的主要污染源。尤其一些散发粉尘、有毒气体、金属粉尘的企业,严重影响着城市居民的生存环境,破坏了城市的生态系统,而工厂矿区的防护绿地则可以减少工矿企业排出的污染物,对保护城市环境卫生起着重要的作用。

3. 城市防护林植物选择

不同植物具有各自的生物学特性，要掌握各植物的抗烟、抗有害气体的特性，正确选择植物，是搞好城市防护林的重要一环。

（1）抗二氧化硫强的植物

云杉、龙柏、刺槐、夹竹桃、女贞、香樟、蚊母、臭椿、苦楝、合欢等。

（2）抗氯化氢强的植物

罗汉松、沙朴、皂角、枣树、海桐、木槿、大叶黄杨、枫杨、小叶朴等。

（3）抗氟化氢强的植物

龙柏、圆柏、桑、枣树、紫丁香、忍冬、皂荚、石榴、黄连木、泡桐等。

（4）抗烟、滞尘力强的植物

臭椿、京桃、槐树、加杨、旱柳、白蜡、卫矛、山楂、女贞、棕榈等。

（5）消减噪声能力强的植物

杨树、白榆、桑树、复叶槭、油松、落叶松、桂香柳、山桃、黄金树、紫藤等。

（6）杀菌能力强的植物

夹竹桃、高山榕、紫荆、木麻黄、银杏、桂花、柠檬、核桃、柑橘等。

4. 防护林的建设

要搞好防护林的绿化，一定要依据适地适树的原则，做到因地制宜。所谓因地，即要了解清楚绿化地的土壤情况、地势的高低、地下水位的深浅、风向及风向频率、空气中含有的有害气体情况等。根据这些立地条件的情况，确定适宜的防护林造林树种、防护林带的走向、结构、主副林带的宽度、带间距离、建设规模和林带株行距等。

由于防护林带结构的特性，在树种选择时还应考虑到乔、灌、草的合理配置，尤其是疏透式结构和紧密式结构的树种选择，既要选择向阳性树种，又要在乔木下种植耐阴灌木，甚至再种植第三层低矮的地被植物或草坪植物，形成多层次的绿化结构。在选树种时，还要尽可能做到针、阔混交或常绿植物和落叶植物的混交，形成有层次的混交林带，尤其在北方地区，往往是春季干旱、多风的气候特征，针、阔混交的防护林带，可以提高春季多风季节的防风效果。

树木的栽植距离：一般情况树冠大（即分枝角大）的乔木树种，株距可以4~6m；树冠窄（即分枝角小）的乔木树种，株距可以2~4m；灌木树种的株距为0.5~1m。

5. 防护林管理

（1）培土

为了使新植的防护林能尽快发挥作用，一般都采用大苗造林，由于大苗造林用的苗木带有一定的树冠，苗木的根系不能太大，否则造成根冠比例失调，再加之，栽植时土壤又不能踩得很实，但又会出现树木倾倒、根系漏风等现象，所以要及时进行检查，发现有松动的地方或倾倒的树木，应及时填补下沉土坑。

（2）除草松土

除草松土是新植林管理的一项极为重要的措施，对树木的生长发育有好处。除草松土可以疏松土壤，保护土壤的湿润，促使土壤有较好的通气状况，从而调节土壤的温度和减少土壤水分的蒸发；由于改善了土壤的通气状况和温度、湿度，促进了土壤微生物的活动，加快了养分的分解，有利于根部的吸收和树木的生长。除草还能减少杂草与树木争夺营养。

（3）补植

保护防护林的结构良好，是保证防护林发挥防护效益的重要基础因此需随时补植。补植用的苗木，应与栽植苗木是相同的品种。为了补植的苗木不形成被压木，采用的苗木在苗龄、树高和生长等方面应是比原栽苗木大的壮苗。

（4）合理修枝

防护林的修剪工作，与园林管理的修剪有着不同的要求，防护林带的修剪工作，就是通过修剪达到合理调整林带结构、改善通风透光条件、有利于树木生长的目的。

（5）适时浇水、施肥

浇水的水质也能对防护林生长造成影响，水源一般可采用河水、池水、溪水、井水等，绝不能用未经处理的工业废水。施肥时间应该掌握在树木最需要的时候，一般地说，应该在树木生长高峰期到来之前施追肥，能收到理想的效果。

（6）防护林的病虫害防治

防护林的病虫害是影响树木发挥最佳防护效益的重要原因之一。综合防治应该以预防为主，首先要创造不利于病虫害发生，而有利于林木和有益生物生长繁殖的条件。

（7）防护林的抚育、采伐及更新

由城市卫生防护林和防风林的特殊作用所决定，对城市卫生防护林和防风林的经营抚育，只进行卫生伐。

(三) 道路绿化

1. 高速公路绿化

高速公路是专供汽车分向、分道行驶并全部控制出入的干线公路。通过绿地连续性种植或树木高度、位置的变化来预示或预告道路线形的变化，引导司机安全操作。

（1）中央隔离带绿化

中央隔离带绿化除了遮光防眩、诱导视线外，还可以改善道路景观。防眩树种应选择抗逆性强、枝叶浓密、常绿、耐修剪的树种，按防眩效果和景观要求，一般高度应以 0.6~1.5m 为宜，单行株距 2.0m，刺柏有规律地排列，形成了一定的韵律感。中央分隔带的地表绿化，种植草坪和地被植物，使地表得以有效覆盖，防止土层污染路面，达到保湿效果，同时通过花灌木的不同花期、花色以及叶色变化，减少刺柏的单调感，丰富隔离带的景观。

中央分隔带绿化工程中，常用的组合模式有以下几种：

① 单行篱墙式。常用 1 种绿篱植物，按同一株距均匀布局、修剪成规整的一条篱墙带。常用的有冬青篱带、九里香篱带、红背桂篱带、小叶女贞篱带、桧柏篱带等。定型高度在 1.2~1.5m。

② 单行串球式。选用 1 种树冠整形呈圆球状的植物为材料，按修剪定型的冠球直径 3~4 倍的株距，单行布局形成一串圆球状绿带。常用的有海桐球绿带、九里香球绿带、篱竹球绿带、桧柏球绿带等。

③ 错位圆球式。选用 1 种圆球形树冠材料，按修剪定型后树冠直径 4~5 倍的株距双行错位布局，要求材料定型后冠幅大于 1m。适用于 2m 宽分隔绿化带设计。通常选用常绿的木樨榄圆球带、朱槿圆球带。

④ 图案式。选用 1 种绿色灌木为基色材料，选择 1~2 种彩叶植物（如金叶女贞、紫叶小檗、红桑、黄素梅、变叶木）为图案材料，用彩色粗线条布置成各式图案。此设计主要用于互通式立交区前后 1km 地段，配合立交区绿化、美化。

中央隔离带绿化是整个高速公路绿化工程中的关键，因为此处污染极其严重，土壤极浅而瘠薄，无充足水分，地温、气温变化较大，植物的生长环境恶劣，故对植物种类要求也就十分苛刻。

选择原则。树高低于 1.5m，冠幅 40~80cm，抗逆性、抗病虫害力强，易植、易成活、易修剪、见效快、自身污染小，且不影响交通安全。同时还需根据植物的季节变化,选择丰富多彩、姿态优美者。

选用的植物:圆柏、蜀柏、紫薇、木槿、海桐、马尼拉草、沿阶草。

(2)互通区绿化

互通立交区是高速公路的出入口,其空间由道匝立体交叉围合而成,绿化设计必须满足行车功能的需要和视觉要

图3-18 互通区绿化

求,构图分规则式和自由式两种。面积相对较小的空间采用规则式构图,根据人们的审美情趣和地方文化特色,选择不同的模纹式图案,其构图以地被植物为背景,用颜色各异的低矮的灌木搭配种植。面积较大的空间可采用自由式构图,类似于中国的传统园林,乔木、灌木搭配,但其种植密度需满足通视要求。道匝边坡可种植草坪并辅以少量的小灌木,既可以护坡又可以观景(图3-18)。

(3)服务区、收费处绿化

服务区集加油、修理、餐饮、住宿、娱乐、购物以及广告业为一体,并设有高速路维修管理的综合区。其绿化设计主要是通过空间划分和植物配置,以建筑物为主体,在传统园林艺术基础上,结合现代园林表现手法,并以亭、石小品、灯光及植物造景点缀而成,达到观赏、休闲、提高环境质量的目的。绿化布置采用乔灌结合、常绿落叶结合配置原则,森林式栽植,服务区沿主线一侧考虑到驾驶员的视线要求和乘客的观景要求,其绿化以种植观赏性较强的常绿灌木为主,其余三面用常绿树种和落叶树种间植,如香樟、桂花、银杏等,收费站四周以广玉兰、桂花、紫薇为主,从整体上营造一种外围绿色大环境,形成浓郁的绿化气氛。在服务区、收费站的绿地上宜种植高档常绿草坪,加上少量自然点缀、树形优美、观赏价值高的乔灌花卉,并通过园林小品和灯光的有机结合,表现出简洁明快的现代气息,且具有缓和分隔作用,更能衬托出建设物的建筑美和艺术效果。

服务区、办公区、生活区绿化景观植物的选择:

①绿化植物选择原则。抗性强、易植、易成活、易修剪、易管理,选择丰富多彩、姿态优美者,不仅选栽美花,还需栽香花、时花。

② 选用的植物：山茶花、月季、杜鹃花、桂花、栀子花、含笑、香樟、雪松、广玉兰、圆柏、樱花、紫薇、红叶李、红花檵木、金叶女贞、马尼拉草等。

（4）边坡绿化

由于公路边坡较陡，绿化以固土护坡、防止雨水冲刷为主要目的。

坡面绿化的方法包括：

用短草保护坡面的工作叫植草。裸露着的坡面，缺乏土粒间的粘结性能，若任凭植物自然生长就很慢。植草就是人为地、强制性地一次栽种植物群落，以使坡面迅速覆盖上植物。

为了使坡面和周围成为整体，最好在坡面上也种植树木。如果从一开头就是混播树籽和草籽，对草的生长株数不加以限制，则发芽和生长缓慢的树木，就会受其压抑而不能成长。如果把草的株数减少到树木能够成长的程度，则很难充分保护坡面。因此，还不能使用树籽和草籽混播的方法。

在坡面上植树，并在不使坡面滑坍的程度内，在树根的周围挖坡度平滑的蓄水沟。自然播种生长起来的高树，因为根扎得深，即使在很陡的坡面上也很少发生被风吹倒的现象。而直接栽植的高树，因为在树坑附近根系扎得不太深，所以比较容易被风吹倒。为了防止这种现象，必须设置支柱，充分配备坡度平缓的蓄水沟。

边坡绿化植物选择原则：选择耐干旱、耐瘠薄、根系发达、覆盖度好、易于成活、便于管理、同时兼顾景观效果的草本或木本植物，尤其是不少豆科类的灌木树种值得研究应用。

边坡绿化植物选用：弯叶画眉草、假俭草、马尾松，弯叶画眉草与马尾松混栽，短效与长效搭配。选用大花金鸡菊、百喜草、假俭草、狗牙根草。大花金鸡菊，多年生，性耐寒、耐旱、耐瘠薄，对土壤要求不严，生长势健壮，自播繁衍力强。枝叶密集，尤其是冬季幼叶萌生，鲜绿成片，春夏之间，花大色艳，鲜黄色，夺目绚丽。用大花金鸡菊固土护坡及景观功能胜于栽草，且成本低，这在高速公路绿化模式上是一种创新。

（5）防护带绿化

一般采用外高内低乔、灌、草结合的方式进行绿化，乔木层分别选用杨树、柳树及樟子松，灌木层考虑花期及叶色搭配，分别选用暴马丁香、树锦鸡儿、火炬树、沙棘和连翘等。防护绿化要点为：

① 干道两侧的绿地考虑到沿线景色变化对驾驶员心理上的作用，过于单调容易产生疲劳，疏忽出事，所以在修建道路时要尽可能保护原有自然景观，并在道侧适宜点缀风景林群、树丛、宿根花卉群，以增加景色的变换，增强驾驶员的安全感。

② 通过绿地种植来预示线形的变化，引导驾驶人员安全操作，提高快速交通的安全，这种诱导表现在平面上的曲线转弯方向、纵断面上的线形变化等，种植时要注意连续性，反映线形变化。

③ 当汽车进入隧道明暗急剧变化时，眼睛瞬间不能适应，看不清前方。一般在隧道入口处栽植高大树木，以使侧方光线形成明暗的参差阴影，使亮度逐渐变化，以增加适应时间，减少事故发生的可能性。

④ 有一定厚度的黄杨、紫叶小檗等花灌木形成绿带，可以减少车辆的意外损伤程度，所以在高速公路的外侧种植一定厚度、长度的密带，可以缓冲车辆的撞击，使事故后车体和驾驶员免受大的损伤。

（6）高速公路绿化建设

① 高速公路出入口绿化工程

在出入口外一般设有管理所及停车场，出入口内设有普通公路与高速公路衔接的立体交叉桥。该范围绿化的主要目的是充分利用原有植被，采用与周围立地条件相适应的树种及恰当的绿化形式来维持环境景观的谐调一致，在出入口附近种植高大乔木或有地区特点的树木，使司机易于识别出入口位置。高速公路出入口有多种类型，如苜蓿叶形、喇叭形、钻石形、Y形等。A.营业所附近大量汽车频繁刹车、启动，造成较一般路段更多的尘土和废气污染，在绿化上要选用抗污染的树种及采用较大的种植密度，以取得减轻污染的绿化效果。B.管理所及停车场的绿化目的是形成绿荫，为工作人员提供良好的工作环境。C.立交坡道的转弯半径较小，在弯道外侧路肩应种植小乔木，为司机提供视线诱导。这类种植还有安全防护的功能。D.出入口外种植高大树木，对出入口加以强调、突出；在出入口内交叉路口的交通岛上种植乔木加以标志。E.出入口周围地带常会形成一个与高速公路业务有关的工业区，区内厂房或构筑物应用绿化栽植加以屏障，以改善道路内部环境景观。F.出入口范围内及道路以外的空地应全部用草皮覆盖。选用的绿化树种不宜过多，且应考虑到便于管理。绿化效果应力求简单明快。

② 服务区绿化工程

服务区包括休息室、小游园、餐厅、小卖店、洗手间、停车场、加油站、车辆维修站等。休息设施与停车场一般分开设置，避免人流与汽车交叉，保证休息场地的安全与宁静，使使用者得到充分休息和精神调剂。在绿化方面，要体现休息站场的多功能性，妥善安排诸如休憩、遮荫、美化景观、交通、辅助设施等项用地，并在设计中注意做到：A.提出保护环境、协调景观、防止水土流失及绿化种植等项计划；B.充分利用原有树木、岩石等自然条件；C.在有江河湖海、田园、森林、丘陵山地等自然景观的地方，尽量将这些美景"借"入休息站场，提高休息设施的风景价值；D.站场用地尽可能以水际、山脊、林缘等为边界，使与外部环境取得紧密联系；E.妥善处理挖方、填方部分，做到造型美；F.站场游园布局以自然式为主，使绿化种植具有自然群落的效果，并形成良好的遮荫。在周缘、道路、排水沟附近宜种植绿篱加以屏蔽、区划，防止人畜穿越。树木种植点的确定要考虑到树木成长后不致遮住旁边的交通标志。树种的选用要考虑到便于管理、病虫害少、叶色有季相变化及有花可赏。

③ 高速公路的绿化还应注意以下几点：

A.根据功能要求及立地条件选用树种，如要求消声减噪及扩散废气，应以选用常绿树种为主，土质瘠薄的地段应在初期混植绿肥树种等。B.在树种组成方面，最好多使用由若干树种组成的混交形式，同一地段应避免使用高度一致的苗木，以期形成多层次的林相。C.隔声墙的绿化可使用有吸盘的攀缘植物，或在隔声墙前留出不小于2m的宽度种植树木，以减轻隔声墙对司机心理上的压力，提高行车的舒适性，同时也为经常性的养护管理提供方便。D.高架路段应充分利用高架两侧的空间进行绿化种植。这种带状绿化对于城市具有防止火灾蔓延作用。

2. 城市道路绿化

城市道路绿化指道路两侧、中心环岛和立交桥四周的植物种植，即将乔、灌、地被和草坪科学合理搭配，创造出优美的街道景观。城市道路是一个城市的构成骨架，而城市道路绿化则直接反映了一个城市的精神面貌和文明程度，一定意义上体现了城市的政治、经济、文化总体水平（图3-19）。

（1）城市道路在城市中具有举足轻重的作用

对城市道路绿化所产生的各种效应进行分析，其主要功能有：

① 提高交通效率和保障交通安全。合理的植物配置可以有效地协调车流、人流的集散，保障交通运输的畅通无阻。城市枯燥乏味的硬质景观很容易造成视觉疲劳，从而易于引发交通事故，而植物材料本身具有形态美、色彩美、季相美和风韵美，艺术地运用这些特性来进行植物配置，就能创造美丽的自然景观，它不仅能表现平面、立体的美感，还能表现运动

图3-19　城市道路绿化

中的美感，能有效地缓解司机的不良反应，提高交通的效率。城市交通对环境的污染是相当严重的，而植物材料可以在一定程度上降低这些污染，达到净化空气的目的，并且在炎炎夏季里，提供绿荫，使行人免受暴晒之苦。

② 美化街道景观。将植物材料通过变化和统一、平衡和协调、韵律和节奏等配置原则进行搭配种植后，会产生美的艺术、美的景观。花开花落、树影婆娑，与成几何图形的临街建筑物产生与动与静的统一，它既丰富了建筑物的轮廓线，又遮挡了有碍观瞻的景象。道路的景观是体现城市风貌最直接的一面。

（2）城市道路绿化原则

道路绿地规划设计应统筹考虑道路功能性质、人行车行要求、景观空间构成、立地条件、市政公用及其他设施的关系，并要遵循以下原则。

① 体现道路绿地景观特色

道路绿地的景观是城市道路绿地的重要功能之一。一般城市道路可以分为城市主干道、次干道、支路、居住区等的内部道路等。城市主次干道绿地景观设计要求各有特色、各具风格，许多城市希望做到"一路一树"、"一路一花"、"一路一景"、"一路一特色"等。道路绿地景观规划设计还要重视在道路两侧用地，如道路红线内两侧绿带景观、道路外建筑后退红线留粗的绿地、道路红线与建筑红线之间的带状花园用地等。

② 发挥防护功能作用

改善道路及其附近的地域小气候生态条件，降温遮荫、防尘减噪、防风防火、防灾防震是道路绿地特有的生态防护功能，是城市其他硬质材料无法替代的。规

划设计中可采用遮荫式、遮挡式、阻隔式手法，采用密林式、疏林式、地被式、群落式以及行道树式等栽植形式。

③ 道路绿地与交通组织相协调

道路绿地设计要符合行车视线要求和行车净空要求。在道路交叉口视距三角形范围内和弯道外侧的树木沿边缘整齐连续栽植，预告道路线形变化，诱导行车视线。在各种道路的不一定宽度和高度范围内的车辆运行空间，树冠和树干不得进入该空间。同时要利用道路绿地的隔离、屏挡、通透、范围等交通组织功能设计绿地。

④ 树木与市政公用设施相互统筹安排

道路绿地中的树木与市政公用设施的相互位置，应按有关规定统筹考虑，精心安排，布置市政公用设施应给树木留有足够的立地条件和生长空间，新栽树木应避开市政公用设施。各种树木生长需要有一定的地上、地下生存空间，以保障树木的正常发育、保持健康树姿和生长周期，担负起道路绿地应发挥的作用。

⑤ 道路绿地树种选择要适合当地条件

首先是适地适树，要根据本地区气候、土壤和地上地下环境条件选择适于该地生长的树木，以利于树木的正常发育和抵御自然灾害，保持较稳定的绿地效果，切忌盲目追新。其次要选择抗污染、耐修剪、树冠圆整、树荫浓密的树种。另外，道路绿地植物应以乔木为主，乔木、灌木和地被植物相结合，提倡进行人工植物群落配置，形成多层次道路绿地景观。

⑥ 道路绿地建设应将近期和远期效果相结合

道路树木从栽植开始到形成较好景观效果，一般需要十余年的时间，道路绿化规划设计要有长远观点，栽植树木不能经常更换、移植。近期效果与远期效果要有计划、有组织地周全安排，使其既能尽快发挥功能作用，又能在树木生长壮年保持较好的形态效果，使近期与远期效果真正结合起来。

（3）道路绿地断面布置形式

道路绿地断面布置形式与道路横断面的组成密切相关，我国现有道路多采用一块板、两块板、三块板式，相应道路绿地断面也出现了一板两带、两板三带和三板四带以及四板五带式。

① 一板两带式绿地

这种形式是最常见的道路绿地形式，中间是车行道，在车行道两侧的人行道上种植一行或多行行道树，其特点是简单整齐，对其管理方便，但当车行道较宽时遮荫效果比较差，相对单调。多用于城市支路或次要道路。

② 两板三带式绿地

这种道路绿地形式除在车行道两侧的人行道上种植行道树外，还用一条有一定宽度的分车绿带把车行道分成双向行驶的两条车道。分车绿带中种植乔木，也可以只种植草坪、宿根花卉、花灌木，分车宽度不宜小于2.5m，以5m以上景观效果为佳。这种道路形式在城市道路和高速公路中应用较多。

③ 三板四带式绿地

用2条分车绿带把车行道分成3块，中间为机动车道，两侧为非机动车道，加上车道两侧的行道树共4条绿带，绿化效果较好，并解决了机动车和非机动车混合行驶的矛盾。分车绿带宽度大于或等于1.5m的，应以种植乔木为主，并宜乔木、灌木、地被植物相结合。

④ 四板五带式绿地

利用3条分隔带将车行道分成4条，使机动车和非机动车都分成上、下行而各行其道，互不干扰，车速安全有保障，这种道路形式适于车速较高的城市主干道。

（4）城市道路绿化树种配置要点

① 在树种搭配上，最好做到深根系树种和浅根系树种相结合。

② 阳性树和较耐阴树种相结合，上层林冠要栽阳性喜光树种，下层林冠可栽耐阴树种。下层的花灌木，应选择下部侧枝生长茂盛、叶色浓绿、质密较耐阴的树种。

③ 街道绿带栽植时，最好是针叶树和阔叶树相结合，常绿树和落叶树相结合。

④ 要考虑各树木生长过程，各个时期种间、株间生长发育不同，合理搭配，使其达到好的效果。

⑤ 对各类树木的观赏特性，采用不同的配置，组成丰富多彩的观赏效果。

⑥ 根据所处的环境条件，选择相应的滞尘、吸毒、消声强的树种，提高净化效果。

（5）道路绿化树种和地被植物的选择原则

市区内街道的环境条件都比较差，路面辐射温度较高，空气干燥，交通车辆排放废气，土壤密实，建筑渣土较多。加上空中、地下管线比较复杂等不利因素，因此树种选择更为严格。要选择适当道路环境条件、生长稳定、观赏价值高和环境效益好的植物种类。

① 适地适树，多采用乡土树种，移植时易成活、生长迅速而健壮的树种。

② 要求管理粗放，病虫害少，抗性强，抗污染。

③ 选择树干挺拔、树形端正、体形优美、树冠冠幅大、枝叶茂密、分枝点高、遮荫效果好的树种。

④ 选择树种发芽早、展叶早、落叶晚，而落叶期整齐的树种。

⑤ 选择树种为深根性，无刺、无毒、无臭味、落果少、无飞絮、无飞粉、少根蘖的树种。

⑥ 花灌木应该选择花繁叶茂、花期长、生长健壮和便于管理的树种。

⑦ 绿篱植物和观叶灌木应选用萌芽力强、枝繁叶茂、耐修剪的树种。

⑧ 地被植物应以选择茎叶茂密、生长势强、病虫害少和轻管理的木本或草本观叶、观花、观果类低矮地被为主。

（6）城市道路绿化建设

① 行道树绿带绿化

行道树绿带是指布设在人行道与车行道之间，以种植行道树为主的绿带。其宽度应根据道路的性质、类别和对绿地的功能要求以及立地条件等综合考虑而决定。但不得小于1.5m。

行道树的种植方式：A.树带式。在人行道与车行道之间留出一条不小于1.5m宽的种植带。视树带的宽度种植乔木、绿篱和地被植物等，形成连续的绿带。在树带中铺草或种植地被植物，不要有裸露的土壤。这种方式有利于树木生长和增加绿量，改善道路生态环境和丰富城市景观。在适当的距离和位置留出一定量的铺装通道，便于行人往来。若是一板两带的道路还要为公交车等留出铺装的停靠站台。树带式行道树绿带可种植槐树、月季、大叶黄杨篱等。B.树池式。在交通量比较大、行人多而街道狭窄的道路上采用树池种植的方式。树池式营养面积小，又不利于松土、施肥等管理工作，不利于树木生长。

树池的边缘高度可分3种：

树池的边缘高出人行道路面8~10cm。可减少行人践踏，保持土壤疏松，但在雨水多的地区，排水困难，易造成积水。再者，由于清扫困难，往往形成一个"垃圾池"。有的城市在树池内土壤上放一层粗沙，在沙上码放一些大河卵石，既保持地面平整、卫生，又可防止行人践踏造成土壤板结。

树池的边缘和人行道路面相平。便于行人行走，但树池内土壤易被人踏实，影响水分渗透及空气流通，对树木生长不利。

树池的边缘低于人行道路面。上面加盖格栅（池箅子），与路面相平。加大通行能力，行人在上面行走不会踏实土壤，还可使雨水渗入。但格栅多为铸铁、钢筋混凝土等制成，重量较大，清扫卫生时需要移动格栅，加大了劳动强度。目前有的地区在分车带上使用草皮砖，北京等地有在树池内使用草皮砖的。

常用的树池形状有以下几种：

正方形。边长不小于 1.5m。

圆形。直径不小于 1.5m。

长方形。短边不小于 1.5m，以 1.5m×2.2m 为宜。

树池之间的行道树绿带最好采用透气性的路面材料铺装，例如混凝土草皮砖、彩色混凝土透水透气性路面、透水性沥青铺地等，以利渗水通气，保证行道树生长和行人行走。

行道树的株行距：

行道树定植株距，应以其树种壮年期冠幅为准，最小种植株距应不于 4m。株行距的确定要考虑树种的生长速度。如杨树类属速生树，寿命短，一般在道路上 30~50 年就需要更新。因此，种植胸径 5cm 的杨树，株距定 4~6m 较适宜。

② 城市道路分车绿带绿化

分车带是用来隔干道的上下车道和快慢车道的隔离带，为组织车辆分向、分流起着疏导交通和安全隔离的作用。因占有一定宽度，除了绿化，还可以为行人过街停歇、照明杆柱、安设交通标志、公共车辆停靠等提供用地。

A. 分车带的类型有以下 3 种。

分隔上下行车辆的（1 条带）；

分隔机动车与非机动车的（2 条带）；

分隔机动车与非机动车并构成上下行的（3 条带）。

B. 作为分车绿带最窄为 1.5m。常见的分车绿带为 2.5~8m。大于 8m 宽的分车绿带可作为林荫路设计。加宽分车带的宽度，使道路分隔更为明确，街景更加壮观，同时，为今后道路拓宽留有余地，但也会使行人过街不方便。

C. 为了便于行人过街，分车带应进行适当分段，一般以 75~100m 为宜。尽可能与人行横道、停车站、大型商店和人流集中的公共建筑出入口相结合。

D. 道路分车绿带是指车行道之间可以绿化的分隔带，其位于上下行机动车道之间的为中间分车绿带，位于机动车与非机动车道之间或同方向行驶机动车道之间的为两侧分车绿带。

E. 人行横道线与分车绿带的关系。人行横道线在绿带顶端通过时，绿带进行铺装；人行横道线在靠近绿带端部通过时，在人行横道线的位置进行铺装，在绿带顶端剩余位置种植低矮灌木，也可种植草坪或花卉；人行横道线在分车绿带中间通过时，在人行横道线的位置上进行铺装，铺装两侧不要种植绿篱或灌木，以免影响行人和驾驶员的视线。

F. 分车绿带上汽车停靠站的处理。公共汽车或无轨电车等车辆的停靠站设在分车绿带上时，大型公共汽车每一路大约要30m长的停靠站。在停靠站上需留出1~2m宽的地面铺装为乘客候车使用。绿带尽量种植乔木为乘客提供遮荫。分车绿带在5m以上时，可种绿篱或灌木，但应设护栏进行保护。

G. 由于分车带靠近机动车道，距交通污染源最近，光照和热辐射强烈，土壤干旱，土层深度不够，并且土质较差（垃圾土或生土），养护困难，应选择耐瘠薄、抗逆性强的树种。灌木宜采用片植方式（规则式、自由式），利用种内互助的内含性，提高抵御能力。

H. 分车绿带的植物配置应形式简洁、树形整齐、排列一致。

分车绿带形式简洁有序，驾驶员容易辨别穿行道路的行人，可减少驾驶员视线疲劳，有利于行车安全。

为了交通安全和树木的种植养护，分车绿带上种植乔木时，其树干中心至机动车辆道路缘石外侧距离不能小于0.75m。

I. 被人行道或道路出入口断开的分车绿带，其端部应采取通透式栽植。通透式栽植是指绿地上配置的树木，在距相邻机动车道路面高度0.9~3.0m的范围内，其树冠不遮挡驾驶员视线的配置方式。采用通透式栽植是为了穿越道路的行人或并入的车辆容易看到过往车辆，以利行人、车辆安全。

J. 中间分车绿带的种植设计。中间分车绿带上，在距相邻机动车道路面高度0.6~1.5m的范围内种植灌木、灌木球、绿篱等枝叶茂密的常绿树，能有效地阻挡夜间相向行驶车辆前照灯的眩光。其株距不大于冠幅的5倍。

在中间分车绿带上应种植高在70cm以下的绿篱、灌木、花卉、草坪等，使驾驶员不受树影、落叶等的影响。实际上，目前我国在中间分车绿带中种植乔木的很多，原因有二：一是我国大部分地区夏季炎热，需考虑遮荫；二是目前我国机动车车速不高，树木对驾驶员的视觉影响不大，因而在分车绿带上采用了以乔木为主的种植形式。

K. 两侧分车绿带。两侧分车绿带距交通污染源最近，其绿化所起的滤减烟尘、减弱噪声的效果最佳，并能对非机动车有庇护作用。因此，应尽量采取复层混交配置，扩大绿量，提高保护功能。

两侧分车绿带的乔木树冠不要在机动车道上面搭接，形成绿色隧道，这样会影响汽车尾气及时向上扩散，污染道路环境。

③ 城市道路立体交叉绿地绿化

立体交叉绿地包括绿岛和立体交叉外围绿地。

A. 绿化原则。绿化设计首先要服从立体交叉的交通功能，使行车视线通畅，突出绿地内交通标志，诱导行车，保证行车安全。例如，在顺行交叉处要留出一定的视距，不种乔木，只种植低于驾驶员视线的灌木、绿篱、草坪和花卉；在弯道外侧种植成行的乔木，突出匝道附近动态曲线的优美，诱导驾驶员的行车方向，使行车有一种舒适安全之感。

绿化设计应服从于整个道路的总体规划要求，要和整个道路的绿地相协调。要根据各立体交叉的特点进行，通过绿化装饰、美化增添立交处的景色，形成地区的标志，并能起到道路分界的作用。

绿化设计要与道路绿化及立体交叉口周围的建筑、广场等绿化相结合，形成一个整体。

绿化设计应以植物为主，发挥植物的生态效益。为了适应驾驶员和乘客的瞬间观景的视觉要求，宜采用大色块的造景设计，布置力求简洁明快，与立交桥宏伟气势相协调。

B. 植物配置上同时考虑其功能性和景观性，尽量做到常绿树与落叶树结合，快长树与慢长树结合，乔、灌、草相结合。注意选用季相不同的植物，利用叶、花、果、枝条形成色彩对比强烈、层次丰富的景观。提高生态效益和景观效益。

C. 匝道附近的绿地，由于上下行高差造成坡面，可采取以下3种方法处理。

a. 在桥下至非机动车道或桥下人行上步道修筑挡土墙，使匝道绿地保持一平面。便于植树、铺草。

b. 匝道绿地上修筑台阶形植物带。

c. 匝道绿地上修低挡墙，墙顶高出铺装面60~80cm，其余地面经人工修整后做成坡（坡度1∶3以下铺草；1∶3种草皮、灌木；1∶4可铺草、种植灌木、小乔木）。

(7) 城市道路绿化建设中存在的主要问题

①城市道路绿化环境的特殊性

城市道路绿化苗木的种植环境主要是中央分隔带和行道树,其特点是:土质坚硬、杂质多、土壤污染严重、种植面积相对较小等;行道树的种植成排成行,树种较为单一,易受气温和湿度的影响,易发生病虫害。

② 城市道路绿化作业环境的安全隐患

由于城市道路绿化管理作业的场所主要是中央分隔带和路基两侧的绿化带,作业人员的安全问题尤为突出。

③ 融雪剂对城市道路绿化的影响问题

每年冬季的融雪剂是造成行道树大量死亡的一大杀手。通过融雪剂对行道树影响的调查,每年至少几千株植物因融雪剂而失去生命。每年都进行大量的补植,浪费了大量的人力、物力、财力,对国家造成了重大的经济损失,并造成土质的恶化。

④ 养护管理的安全防护要求

在道路绿化养护作业中,应在每隔200m处分别设置一防护标志,并设专人疏导车辆,设置车辆闪光器。提示车辆在上下桥施工时,要在上桥的底部开始提前设置,防止司机进入盲区。

养护作业人员要佩戴反光背心,在自行车与机动车分道带上,如跃过马路浇水,要把浇水管顺直,以免摔伤行人和自行车。

近几年,随着喷灌的快速发展,中央隔离带用水车浇水的方法将逐渐被淘汰。取而代之的将是滴灌、微喷灌,既节约水又保证了车辆的安全。

行道树的修剪易同行人和车辆发生矛盾。要设置警戒线,码放安全隔离桶。

⑤ 行道树的修剪问题

行道树主要以美化市容、改善城区的小气候、夏季降低温度、滞沉、遮荫为主要功能。

行道树修剪需以扩大树冠、优美树形、调整枝条的伸展方向、调节营养物质的合理分配、抑制徒长等为目的,同时也是老树复壮、增加保温遮荫效果、防治病虫害发生、增加通风透光的主要手段之一。

行道树的主要修剪时间一般在冬季。冬季修剪的方法主要有:截、疏、除蘖。行道树修剪时要设有专人维护现场,防止大枝砸伤行人和过往车辆。高压线附近作业要注意安全,必要时要请供电部门配合。分布均匀,确定一个生长势强壮的主枝进行自然式修剪,其余分期剥芽或疏枝。冬季对主枝留 40~80cm。剪口芽留在侧面,经 3~5 年反复修剪即可形成杯状树冠。保留上树枝,方便修剪作业,也使树形美观。

在日常的养护生产中,树木与高压线的距离、和路口的交通设施的配合直接关系到行人和车辆的安全。每年的春季都将配合供电、交通、通信进行安全排查。对高压线 15m 范围内的高大树木进行修剪,同时对妨碍司机视线的交通标志信号灯位置的树木进行修剪。修剪过程中要保证安全信号清楚显现,保护行人和车辆的安全。

三、住宅绿化工程

(一)生活小区住宅绿化

在居住区绿地绿化工程建设中,应当保护、尊重居民居住环境建设中的参与意识,使居民通过营造"私人花园"而获得美学感受、经济效益和自我实现。同时也更加珍惜公共绿地的价值,减少对绿地的破坏,充满居民家庭或个人信息的"私人花园"应当是绿地的组成要素,因为它们是私人投资、私人养护和保护,从而减轻了社会的经济压力。简而言之,居住环境要为不同兴趣的人群提供丰富的景观、生态环境和生活、娱乐方式。居住区应当是一个环境综合体。

1. 小区绿地建设的原则

(1)形成系统

绿地建设首先必须遵循生态系统整体优化规律,将绿地的构成元素结合周围建筑的功能特点、居民的需求和当地的文化艺术因素等综合考虑,建设结构优化、功能高效、布局合理、指标先进、质量良好、环境改善的具有整体性的绿地系统。

绿地系统形成的重要手法就是"点、线、面"结合,保持绿地空间的连续性,让居民随时随地活动在绿化环境之中。对小区来说宅旁绿地和组团绿地是"点",沿区内主要道路的绿化带是"线",小区公园和小游园是"面"。点是基础,面是中心。在这个系统中乔、灌、草和藤本植物被因地制宜地配置在一个群落中,利于群间相互协调,有复合的层次和相宜的季相色彩,具有不同生态特性的植物能各得其所,这要比单一种的群落更能有效地利用阳光、空气、土地空间、养分,水分等，具有更大的稳定性（图3-20）。

（2）分级设置

绿地建设除首先必须形成系统外，其次还应坚持与社区建设紧密结合，并通过社区的运营，将可持续发展的指导思想贯彻于小区绿化中，科学地进行分级设置。

图3-20　住宅区绿化

据调查，小区绿地面积只有达到5~8m²/人，绿化用地超过35%，草坪绿地覆盖率在50%以上，绿化面积（含水面）不小于70%时，才能充分发挥其环境效益和社会效益。因此，居住用地内的各类绿地应在居住区规划中按照有关规定进行配套，并在居住区详细规划指导下进行规划设计。居住区规划确定的绿化用地应当作为永久性绿地进行设置和建设，必须满足居住区绿地功能，布局合理，方便居民使用。

（3）各级绿地的建设

根据小区规模和实际情况，可把小区绿地划分为中心绿地、宅旁和庭院绿地、组团绿地、道路绿地和附属绿地五级。当然在实际应用中还应根据具体情况灵活掌握，避免模式化。

① 中心绿地

A. 居住区公园

居住区公园主要是服务于一个居住区的居民，具有一定活动内容和设施，为居住区配套建设的集中绿地。公园面积不宜过大，一般1000m²左右即可。位置要适中，服务半径为500~1000m，最好是与小区文化商业中心结合布置。

公园布置应以绿化为主，如果没有充分的绿化，居民是不会到这里来的。但是按照居民活动需求，特别是早晨日益高涨的中老年人锻炼身体的需求，在适当位置设置必要的设施也不可缺少。所以，小区公园必须首先保证树木茂盛、绿草茵茵，有条件的再配以流水潺潺、拱形小桥，同时也要有必要的活动、休息和游戏场地。内部除设置比较简单的文体设施外，应结合绿化设置一些庭院小建筑，

图 3-21　居住区公园　　　　　　　图 3-22　小游园

如座椅、花坛、花架、休息亭廊之类以供居民游憩之用，还要有足够的铺装地面供居民进行各项锻炼。

公园的平面布局一般采用半开敞自然式为主，不要过分开敞，以绿篱或其他通透式院墙栏杆作分隔，以免行人任意穿越而不便管理（图 3-21）。

B. 小游园

小游园主要是为一个居住小区的居民服务、配合建设的集中绿地（图 3-22）。它的主要服务对象是老人和少年儿童，主要活动方式有观赏、休息、散步、游玩、锻炼、运动、人际交往和课外阅读等。

小游园仍以绿化为主。其绿地配置在满足小游园功能要求的前提下，尽可能利用植物的姿态、体形、叶色、高度、花期、花色，以及四季叶色的变化等因素，来提高集中绿地的艺术效果。内部多布置一些座椅让居民喜爱在这里休息和交往，利用植物分隔空间，适当开辟铺装地面的活动场地，开辟比较简单的儿童游戏场、青少年运动场和成人、老人活动场，以供居民在此观赏娱乐。小游园的平面布置形式有规则式、自由式和混合式三种。

② 宅旁和庭院绿地

宅旁绿地是分布在居住建筑前后的绿地，按向阳或背阴以及建筑组合的形式等因素进行布置的，是居住区中面积最多的一种绿化（图 3-23）。它贴近居民，主要满足居民休息、幼儿活动及安排杂务等需要。通过调查，宅旁绿地为居民所喜爱有以下几个原因：一是宅旁绿地是居民每天必经之处，使用十分方便；二是作为空间领域，宅旁绿地属于"半私有"性质，即属于相邻的住宅居民所有，从而激发了居民的领域心理，引起他们的喜爱和爱护；三是宅旁绿地在居民日常生

图 3-23　宅旁绿地

活的视野之内,最便于邻里交往;四是学龄前儿童一下楼就可同邻居孩子们在这里玩耍,大人能从住宅楼上看到他们,也比较放心。故现在大多数小区中十分重视宅旁和庭院绿地的设计,具体要求如下:

　　A. 宅旁和庭院绿地一般应按封闭式绿地进行设计。宅旁绿地宽度应在 20m 以上。

　　B. 要突出宅旁和庭院绿地特有的通达性和实用观赏性。设计应方便居民行走及滞留,适量硬质铺地。

　　C. 要注意配置艺术的统一性。植物配置应乔、灌、草相结合,力求做到"三季有花,四季常绿"。同时又要保证各幢楼盘的绿化特色。

　　D. 宅旁和庭院绿地的布局形式要与住宅建筑的高低、类型、层数、间距采光、地形起伏、建筑组合形式等密切配合,认真考虑其功能,即美化生活环境,阻挡外界视线、噪声和灰尘等,为居民创造一个安静、舒适、卫生的生活空间,以满足居民夏日乘凉、冬季晒太阳、车辆存放、幼儿玩耍、晒衣服、就近休息赏景等的需要。

　　③ 组团绿地

　　组团绿地实际上是宅旁绿地的扩大或延伸,是结合居住建筑的不同组合而形成的公共绿地。面积不大,形状不一,靠近住宅,主要服务于几栋楼,是居住组团内的人们(尤其是老人和儿童)经常活动的场所,可依据居民的居住类型进行规划设计。

　　确定组团绿地(包括其他块状、带状绿地)面积标准的基本要素有三:第一,要满足日照环境的基本要求,即"应有不少于 1/3 的绿化面积在当地标准的建筑日照阴影线范围之外";第二,要满足功能要求,即"要便于设置儿童游戏设施和适于成人游憩活动"而不干扰居民生活；第三，同时要考虑空间环境的因素，即绿地四邻建筑物的高度及绿地空间的形式是开敞式、半封闭式还是封闭式等。开敞式组团绿地四面被住宅建筑围合，空间较封闭，故要求其平面与空间尺度应适当加大，以供游人进入绿地内开展活动，多采用自然式布置。封闭式绿地至少应有一个面面向小区路或建筑控制线不小于 10m 的组团路，空间较开敞，故要求的平面与尺度可小一些，它一般只供观赏，而不让居民入内活动，虽然便于管理，但无活动场地，居民可望而不可及，效果较差。半封闭式绿地周围除留出游憩步道出入口外，其余为花池、绿篱、封闭树丛，与周围有分隔，多采用规则式布置。根据上述三个基本标准，组团绿地的面积一般应在 400~500m² 之间，最多有两边与小区主要干道相接。服务半径小，约在 80~120m 之间，步行 1~2min 可到达。

由于住宅组团的布置方式和布局手法多种多样，组团绿地的位置和形状也是千变万化的。根据组团绿地在住宅组团内的相对位置，可归纳为以下几个类型：

A. 周边式住宅中间的组团绿地

环境安静有封闭感，大部分居民都可以从窗内看到绿地，有利于家长照看幼儿玩耍。由于将楼与楼之间的庭院绿地集中组织在一起，所以当建筑密度相同时，可以获得较大面积的绿地。

B. 行列式住宅山墙间的组团绿地

行列式布置的住宅对居民干扰少，但空间缺乏变化，容易产生单调感。适当拉开山墙距离，开辟为绿地，不仅为居民提供了一个有充足阳光的公共活动空间，而且从构图上打破了行列式山墙间所形成的狭长胡同的感觉。组团绿地的空间又与庭院绿地相互渗透，产生较为丰富的变化空间。

C. 住宅间距内布置的组团绿地

在行列式布置中，如果将适当位置的住宅间距扩大到原间距的 1.5~2 倍，就可以在扩大的住宅间距中，布置组团绿地，并可使连续单调的行列式狭长空间产生变化。在北方，北边的楼房可以阻挡北风，有利于改善小气候和植物生长。此外，被加大间距的住宅，也有利于防止视线的干扰（图 3-24）。

图 3-24　住宅间距内绿地

D. 住宅组团一角安排的绿地

在地形不规则的地段，利用不便于布置住宅的角隅空间，安排绿地，能起到充分利用土地的作用，但服务半径不大。

E. 两个组团之间的组团绿地

由于受组团内用地限制而采用的一种布置手法。在相同的用地指标下，绿地面积较大，有利于布置更多的设施和活动内容。

F. 一面或两面临街安排的组团绿地

由于临街布置，绿化空间与建筑产生虚实、高低的对比，可以打破建筑线连续过长的感觉，还可以使过往群众有歇脚之地，如天津市泰安道组团绿地。

G. 自由式布置的组团绿地

在住宅组团按自由式布置时，组团绿地穿插配合其间，空间活泼多变，院落来回穿插，组团绿地与庭院绿地互相配合，使整个住宅群面貌显得活泼。

由于组团绿地的使用效果因其所在位置不同而有所区别，所以在组团布置中要很好地考虑组团绿地的位置。此外，利用植物既能改善住宅组团的通风、光照条件，又能丰富组团建筑艺术面貌，并能在地震时起疏散居民和搭建临时建筑等抗震救灾作用。

④ 道路绿地

道路绿地一般指在道路红线以内的绿地，它在住宅区中占有很大比重，通向各个角落直到每户人家，可把居住区公园、小游园、宅间、庭院连成一体，对小区的通风、调节气候、减少交通噪声以及美化环境等有良好的作用，且占地少，遮荫效果好，管理方便（图3-25）。

图3-25 道路绿地

软质景观中道路绿地的布置应根据道路级别、性质、断面组成、走向、地上地下管线敷设的情况和两边住宅形式而定，即道路绿地一般包括主干道绿地、次干道绿地、小道绿地和园路绿地四类。

主干道旁的绿地可以结合建筑山墙、绿地环境或小游园进行自然种植，既要美观和利于交通，又要有利防尘和阻挡噪声。路边设计种植草坪要考虑既能观赏又耐践踏和适应性。

次干道因地形起伏不同，两边会有高低不同的标高，故绿带宽度视路幅的宽度而定，一般每侧的 1.5~4.5m。

小道旁可灵活地栽树。如果小路离住宅不到 2m，其中只能种些花灌木或草坪，不能影响楼房日照、采光与通风。

道路交叉口处种植树木时，必须留出非植树区，以保证行车安全视距，即在该视野范围内不应栽植高于 1m 的植物，而且不得妨碍交叉路口的照明，为交通安全创造良好条件。通向两幢相同建筑中的小路口应适当放宽，扩大草坪铺装，乔灌木应后退种植，结合道路或园林小品进行配置，以供儿童就近活动。还能方便救护车、搬运车临时靠近住户。各幢楼的入口处应选用不同树种、采用不同形式进行布置，以利于辨别方向。

⑤ 附属绿地

附属绿地主要是指小区内的配套公共建筑，如托儿所、幼儿园、中小学校、商店、医院、门诊所、锅炉房等地段的绿地。此类绿地规划除满足本身功能需要外，同时要满足周围环境的要求。

2. 植物配置的原则

（1）统一中求变化

首先确定小区基调树种，主要是用作行道树和庭荫树的树种。但过于统一和一致，必然呆板；过于自由分散，又必定凌乱。要既不呆板，又不凌乱，还要多样化和具有统一性，可在局部通过植物的形状、色彩、线条、质地等细分上力求丰富多样，创造出优美的天际线和林缘线，打破建筑群体的单调和呆板感。例如，一条园路两边的树，不能采用栽行道树的方法栽植，可以和孤立树、树丛结合起来布置。在公共绿地的入口处和重点地方，要种植体形优美、色彩鲜艳、气候季节变化强的植物。在儿童游戏场内，为了适合儿童的心理，引起儿童的兴趣，绿化树种的树形要丰富，色彩要明快，比例尺度要适合儿童的体形，如修剪成不同形状和整齐矮小的绿篱等。

（2）乔灌草搭配要得当

保持小区常年的绿化效果和观赏价值，注意常绿植物与落叶植物的搭配，尤其在寒冷地区更为重要。乔、灌配合要考虑植物的生态习性和园林布局要求，木本植物和草本花卉配置主要考虑景观效果和季相变化，以此来构成多层次的复合

图3-26　住宅区乔灌草搭配

生态结构，达到人工配置的植物群落自然和谐。

在同一个小区中，乔木、灌木、花卉、草皮和地被植物等配合比例要得当，以发挥它们的园林功能和观赏特性。乔木、灌木的种植面积比例一般应控制在70%以上，非林下草坪、地被植物种植面积比例宜控制在30%以下，且常绿乔木与落叶乔木种植数量的比例应视实际情况合理搭配。

高大乔木虽生长繁茂，但郁闭度较高，其他植物不易生长，主要选择一些能适应不同荫蔽环境的地被植物。在乔木和灌木下也能较好生长，覆盖树下的裸露土壤，减少沃土流失。这种高、中、低多层次的植物配置，既能丰富小区的植物品种，又能使小区的三维绿量达到最大化，使放出的氧气更多，提高单位叶面积的生态效益，如沿阶草、大、小麦冬、棕榈实生苗、洒金珊瑚、狭叶十大功劳等，再适当地配置和点缀一些花卉、草皮。再如树冠大、枝叶茂密的落叶阔叶乔木，间以常绿树和开花灌木，以及与宿根花卉分层次栽植，形成一片绿色隔声墙，这样降低噪声的效果较好；如果是清一色的"疏林草地"种植方式，则显然地，隔声效果会弱一些（图3-26）。

（3）速慢生相结合

在树种搭配上，既要满足生物学特性，又要考虑尽快形成绿化景观效果，实现绿化功能。绿化覆盖率达到50%时才能创造出安静的声环境和优美的视环境。因此，在适当保留已有的树木和绿地，特别是古树和大树的基础上，植物配置应使速生树种与中庸的、慢长的树种合理搭配，充分考虑若干年后的林地结构演变和景观风貌。

（4）配置方法要灵活

绿地中植物品种不宜繁多，但也要避免单调，更不能配置雷同。植物配置按形式分为规则式和自然式。可采用自然式配置法，如孤植、两株、丛植、群植、林植等；或采用规则式配置法，如中心栽植、对称栽植、平行栽植、环状栽植等，起到对景、框景、遮挡、引导等效果。

如在儿童游戏场四周环状种植浓密的乔灌木以形成封闭场地,防止居民随意穿行,保证儿童的安全,也便于管理(图3-27)。在游戏场附近或居住庭院中,以及小气候条件较好的地方,孤植或两株栽植不同树种、姿态优美、花色、叶色丰富的植物,如红叶李、枫香、银杏、紫薇、丁香等,既能突出树木的个体美,又便于儿童记忆、辨认场地和道路;而在游戏场内部,绿化不要占据过多,以免影响儿童的活动;在交通量大的小区干道上,可在车行道两侧对称栽植行道树,使其成为人行与车行的隔离带,并起到指引方向的作用;商业设施的前面避免聚植高大乔灌木,可种植低矮植物,以免遮挡通向商店的视线。

图3-27 运动区植物配置

(5)大小形状相协调

配置所选用的植物大小及形状要适当,并且主次分明,才能满足绿地的功能要求。在空间狭小的地方不适宜使用太大的植物,以免给人压抑感;而在开阔的场地等宜使用体量大或色块大的植物,不然就会给人以小气感。例如在小广场的中心孤植高大的遮荫乔木,那么在小广场的四周宜种低矮的小乔木,一方面形成对比,另一方面不致使空间太闭塞。

乔木与灌木搭配时,要注意树形。呈拱形的乔木用来同叶丛下垂的常绿灌木搭配;在缓和建筑立面的垂直生硬线条时,应采用拱形枝条的乔灌木或枝条平展的乔木陪衬。

(6)周围用地属性要兼顾

除了大植物直接移植外,一般绿化工程多用小袋苗。为了不影响居民的正常生活、休息,并使植物未来生长良好,种植设计应注意疏密有致,即宅旁活动区多为稀疏结构,使人轻松愉快,获得充足的自然光;而在垃圾场、锅炉旁和一些环境死角外围密植常绿树木,道路上用遮荫小乔木;还要注意与建筑物和地下管下设施离开适当距离,预留植物生长空间,否则会对以后的植物生长及养护管理造成影响。乔木一般需距建筑物5~7m，距地下管网2m；灌木距建筑物和地下管网均为1.5m。

（7）营造人造"树景"

在配置树木时，一定要注意"树景"，并要有意创造好的树景（图3-28）。例如在园路的尽端或转折点设置树景，树景要与旁边的树有区别，当游人沿园路向

图3-28 人造"树景"

前走时，远望尽端有一特殊风格的树，可以吸引游人前往，起到导游作用。

此外，可通过"树景"营造出恰当的空间环境。一般说来，小游园面积不大，游园中广场的面积更不大，因此在小广场中配置树木时，要做到"小中见大"。例如在接近小广场时，在园路两边配置较高大的树，使人在路上感到空间狭窄，但到了广场就会感到宽阔。另一种方法是沿园路两边的树，靠近路边种植，而到小广场后，树木就退后栽植，同样也使人感到广场空间宽阔。

（8）"重叠"与"透视"相结合

所谓"重叠"，就是游人视线看到近树与远树重叠在一起；所谓"透视"就是游人透过近树还能看到远树。在作树丛布置时，一般要防止重叠；在作树群布置时，必须重叠交错，以增加布局的整体性和群体性。一般的中、近景树，都要透视，这样才显得有层次、有变化。远景树可以是树群，也可开辟几条透视线，显得景色深远。

3. 选择植物应注意的问题

一般小区都具有建筑密度高、可绿化用地少、人口集中、住房拥挤、土质和自然条件差、人为损坏绿地严重等特点，因此，选择植物品种时必须结合小区绿地的具体条件，注意以下问题：

（1）慎重选择树种与花草

① 要选用既有观赏价值，又有经济价值的乡土树种。乡土树种是指本地区原有天然分布的树种。这种树种不仅适应性强，而且易种、易活、易长、易管、耐旱、耐阴。有关专家指出，今后城市建设、园林绿化应让乡土树种当家、外来树种添彩。

② 选择能最大限度地发挥其使用功能，满足人们生活、休息需要且对人体有很好保健作用的树种，如银杏树、女贞、无患子、罗汉松、桂花、柚树等。

③ 选择寿命长、抗逆性强，能适应低养护条件的树种。

④ 应符合植物的生物学和生态学特性，各种植物个体之间对生态环境要求一致，互不相克。

（2）花木选择的一般要求

① 忌用有毒、有刺、有异味、易引起过敏的植物。如夹竹桃、枸骨、虎刺梅、仙人掌类、凌霄、月季、玫瑰、蔷薇、漆树等植物带刺，且容易引起儿童皮肤过敏，都不宜在小区里多用。

② 宜选用落果少、病虫害少、花粉少、无飞絮等无污染、无伤害性并且能够抗污染的植物。

③ 宜选择有小果、小种子的植物，模拟出自然景观，招引鸟类，形成鸟语花香的环境。

④ 还要注意大多数居民的爱好。

目前小区较为普遍的住宅形式是低层行列式住宅，其间绿化的树种和布局形式应有差异，以便于区别。在住宅向阳一侧，应种落叶乔木，以利夏季遮荫和冬季采光；在住宅北侧，由于地下管道较多，又背阴，只能选用耐阴的花灌木及草坪。如条件较好，可采用常绿乔灌木及花草，既能起到隔离观赏作用，又能防止冬季寒风袭击；东、西两侧，可种落叶大乔木，借以减少夏季东西日晒。

对于多层单元式住宅的树种选择，除了注意遮荫和喜阳之外，在挡风面及风口必须选择深根性的树种。根据当地的主导风向，合理布置树丛、树群，借以加强宅间气流的速度或改变气流方向。一般大乔木下多采用中性或阴性植物，如鸭脚木、杜鹃花、山茶、十大功劳、常春藤、龟背竹、合果芋、沿阶草、天冬、蕨类植物、兰花等。

在周边式居住建筑群四周可设常绿绿篱，以便阻隔噪声干扰，其中可适当栽植庇荫大乔木等。

（3）恰当配置树丛

草坪上树丛的配置应最大限度地体现其美化环境、改善和保护环境的综合功能，要考虑树木外形美、色彩美以及与周围环境的协调美。例如花园城市深圳的隔离绿化就常采用"草坪—花坛—树丛"的设计方式，背景的隔离树丛主要是以乡土树种小叶榕、木棉、凤凰木、大王椰子等特点明显的乔木形成独立景观；花坛中用福建茶、九里香等造型灌木或种植花卉，点缀在草地中间，在搭配上注意了树形、色彩的配合以及季相的变化，充分发挥了绿化带的生态功能和城市美化功能。

（4）应种植芳香型植物

根据有关资料分析，白兰、桂花、含笑、玫瑰、栀子等芳香型花木中所含的酯、酮、醛、酐等芳香物质，对于活跃孩子们的思维、启发想象力、改善中老年人心脑血管循环状况、调节人的情绪等，都有良好的生理功能，成为养生益智的理想素材。因此，在居住区的绿化地中适当选择芳香型植物，如薄荷、罗勒、香蜂花、西洋甘菊、柠檬草、鼠尾草、蒲公英、金盏菊、百里香、玻璃苣、香叶天竺葵、锦葵等草本，以及薰衣草、迷迭香、柠檬、马鞭草等。在同一个小区中，最好选择四季轮流飘香的木本植物，如春天的梅花、玉兰花；夏天的栀子花、白兰花；秋天的桂花和冬天的腊梅等。

（5）应熟悉植物习性

植物选择要想合理、恰当，必须要求设计方和施工方都要熟悉和了解植物的生态习性，了解不同生长期的植物形态、生长量以及植株与环境、地形、土壤性质、空气湿度的关系，综合考虑各种因素，为植物创造良好的生长环境。

适合于作上层栽植的植物包括银杏、白蜡、栾树、元宝树、柿树、杜仲、泡桐、刺槐、悬铃木等落叶乔木，以及白皮松、雪松、华山松、蜀桧、侧柏、油松、洒金柏等常绿乔木。

适合于作中层栽植的植物包括鸡麻、连翘、小花溲疏、天目琼花、金银木、麻叶绣线菊、棣棠、红瑞木等。

适合于林下半荫或全光照条件下栽植的植物包括紫荆、猥实、太平花、珍珠梅、紫叶小檗、铺地柏。

适合于林缘或疏林空地栽植的植物包括黄栌、西府海棠、紫叶李、紫薇、丰花月季、榆叶梅、锦带花、迎春、牡丹等。

此外还要了解植物与人类的交流、植物内在的意境等。如在江南小区建设绿地时要考虑当地的民风民俗和对植物的欣赏习惯，如竹类切忌植在房屋南面等。

（6）体现季相变化

一个小区内应该注意一年四季的季相变化，使之产生春则繁花似锦，夏则绿荫暗香，秋则霜叶似火，冬则翠绿常延。如济南泉城·四季花园的四季园以两侧略微起伏的地形以及四季花木形成中轴夹景效果，四季园内以不同季节开花的植物来表现四季植物景观：春以樱花为主附以玉兰；夏以百日红为主附以棣棠；秋以石榴为主，点缀两株柿子树并配以红枫；冬以腊梅、云杉为主，并穿插红瑞木。整体四季园内以云杉及大叶黄杨相互连接，既满足了景观要求，四季皆有景，景景有不同，又紧扣了四季主题。

（7）应用好色彩色块

植物选择应考虑色彩色块和人的观赏心理。植物的色彩能起到突出植物审美特征的作用。色块设计应重视大面积成片的色彩构图与变化。近几年来，由于色叶树种的开发应用，可以用矮小的灌木来组成各色的色块，常见的有组成红色块的紫叶小檗，绿色块的雀舌黄杨、大叶黄杨、桧柏等，黄色块经常采用金叶女贞，也可采用金边黄杨，还可采用彩叶草、串红、天冬门等草木花卉进行色块布置。但是大量应用色块色带作图案化布置的做法，其弊病不少，目前多数业内行家并不支持，因此宜谨慎应用。

（8）考虑建设造价与养护成本

小区绿地建设投资额的大小会直接影响到楼房的售价，如果投资大会增加居民在购房上的压力，同时也将增加小区绿地日后物业管理维护费用。因此，绿地的建设应尽量减少昂贵造林材料的应用，以控制价格。

树木是小区绿地的主角，以低层的地被、中层的灌木加上高层的乔木配合，做出符合自然生态规律的"立体"园林，才能为小区提供更自然、环保、清洁的环境。而在现实生活中，一些小区绿化虽然做得好看，但不符合当地的自然生态环境，居民不满意，维护成本也很大。而一个自成一体的园林，地被可保持地表水，灌木能涵养水分，乔木发达的根系可保持地下水，植物病虫害少，居民支付的维护费用也将大大减少，业主当然满意。

4. 居住区绿化工程施工

（1）在居住区栽植植物因土质条件较差，建筑残土较多，加之人口密集，活动频繁，绿地易被践踏、破坏。因此，在树木、花、草种类上要选择抗性强、病虫害少、较粗放管理的植物。在一些重点区域（如居住区中心绿地、游园）可相对选择一些观赏性强的高档树木、花草。

在居住区栽植植物可选用多年生、常绿性植物，植株低矮、覆盖度大、耐修剪、生长迅速、外观美、无毒、无恶臭、不分泌汁液、抗病性强。但若需要加强其阻碍作用，要适当选用管理维护容易的植物品种。

植物的造园具有丰富的自然色彩、柔和多变的线条、优美的姿态及丰韵，植物营造的绿色对于生活在居住区的人们尤为重要，但由于环境受周围建筑的高低、方位、立面造型及空间位置的影响，造园植物应各有其特点，不同的环境选用其适宜的造园植物，才能使景观环境得到改善，使整个居住区在统一风格中又富于变化。

居住区楼间的绿化重点就是改善生态环境，应以乔木为主，最好不少于80%，其中阔叶乔木不少于整个乔木的85%，为突出各个区域的绿化特点，如采用耐修剪的植物组成造型各异的标志形象，要有一定比例的草坪，既可开阔视野，又为居民提供良好的室外活动空间。

（2）工程施工。首先，清理绿化场地，特别要注意及时清除基建残留下来的白灰、水泥、石砾，对其所绿化区域的土壤进行化学分析，如土壤不符合植物的生长要求，要加以改良，使pH值适中。然后翻松土壤，必要时过筛，如土质太差，采用换土、施底肥的方法；涝洼地采用挖沟抬田法进行排涝；黏土地混炉渣、细沙等改善土壤性质；对盐碱地用客土、硬度过大的土壤进行深翻改良，或多施有机肥等。

施工前要明确地下管网的走向及埋设深度，以避免在设施维修时，发生移树、伐树现象及建筑小品毁坏现象的发生，应在其上种植草坪、花灌木、花卉等浅根系的植物。

① 挖掘乔木种植坑，应以直筒形，其开口径应为所种植物的15倍树径（直径），不能挖成锅底坑，使坑内无法换种植土（种植土里应掺有肥料、土质松软、肥沃、不板结），乔木要进行疏枝、修剪、定干，以保证根系水分到达植物顶端，以减少植物蒸发，用于根系萌发，提高植物成活率。乔木要进行严格的植物检疫，如有伤害、冻害不能选用。栽植时要压实，无孔隙，以免透气及倾倒，坑深以种植树木埋设完后低于地面5cm为宜，形成自然水盆，以利于浇水，在浇透水后铺土、封坑，如植物高大需设支持（木架杆或绳索）。

② 在种植花灌木时，根据冠幅大小挖坑，疏理修剪其多余的枝条。

③ 在种植花卉、草坪时，根据绿化区域的土质情况，换土改良土壤。

植物种植后要压实土壤，及时浇水，浇透灌透，铺装草坪，在播种前土壤基层要平整，无杂物，浇底水，播完草籽后覆1cm干土，在其上用石滚压实，覆盖草片，浇水，保持土壤的温度与湿度。以利于草皮与土壤结合，促进草坪生长。

对于苗稀的地方，要及时修补，清除杂草，提纯，可追加化肥，促进植物生产。

(二)山坡别墅绿化

21世纪是注重人与环境和谐发展的生态时代,人们开始更多地关注居住区绿化的生态效益,这就推动绿化景观朝着更为生态化、更为人性化的方向发展,以满足人们对社区功能更高的要求。人是居住区的主体,别墅的一切都是围绕着人的需求而进行建设、变化的,不断趋于文明和理性的社会越来越关注人的需求和健康,绿化景观的设计要适合居民的需求。人们进入绿地是为了休闲、运动和交流,因此,别墅区绿化所创造的环境氛围要充满生活气息,做到景为人用。可以说,绿化景观和人的需求完美结合是别墅绿化景观设计的最高境界。绿化生态效益的发挥,主要由树木、花草的种植来实现,因此,以绿为主是别墅区绿化的着眼点。

1. 山坡别墅绿化状况

(1)别墅环境绿化

别墅环境绿化包含私人庭院和公用部位绿化,两者相互补充引申,缺一不可。别墅比其他类型住宅最大的优点,是接近自然。因此环境绿化是别墅优劣的重要标志之一。别墅环境的营建必须有三个因素,其一是环境设计,其二是景观施工,其三甲方业主。房产商要搞好公用部位绿化,也要引导、协助业主做好私人庭院绿化,使整个社区形成生态化优良环境。

(2)目前别墅绿化现状

当前别墅地产业发展较快,别墅区景观的质量及制作方式都发生了翻天覆地的变化。笔者曾见到这样的开发商,开发别墅先按规划预埋地下管线,挖湖堆山造地形,铺草种树先绿化,其间别墅一栋未造。待成型后,让业主按规划选地点、选类型出售,收到意想不到的好业绩,因为业主看中的是环境。而别墅的建造少则一个月,多则两三个月便可完成,建筑按设计图纸施工,很容易达到要求,而环境绿化,需耳闻目睹才最为实际。

2. 别墅区绿化景观的空间分割

(1)空间的分割

绿化空间的分割要满足居民在绿地中活动时的感受和需求。当人处于静止状态时,空间中封闭部分给人以隐蔽、宁静、安全的感受,便于休憩;开敞部分能增加人们交往的生活气息。当人在流动时,分割的空间可起到抑制视线的作用。通过空间分割可创造人所需的空间尺度,丰富视觉景观,形成远、中、近多层次的空间深度,获得园中园、景中景的效果。

用水面、山石、树丛、花架、小品等分割水面如处理得当能拓宽空间，将有限的距离拉大。山石如砌筑得法，配以树丛能增加空间层次。花架能使空间隔而不断，但要注意比例和尺度。过于粗壮则有堵塞感，过于纤细起不到分割作用。

（2）视线的分割

用墙体、绿篱和攀缘植物分割。当分割体的高度在30~60cm时，空间还是连续的，人坐着也能向外观赏，没有封闭感，但空间是隔开了。当分割体高度在0.9~1.7m以上时，视线受阻，出现封闭感。随着高度的增加，封闭感增强。

地面高差和铺装的变化。根据不同的使用功能，改变地面高差来分割空间也是常用的手法。同时，地面铺以质感不同的材料效果更为显著。硬质铺地砖同草皮形成质感的对比，绿地底界面高差的变化增加了深度感。

3. 别墅绿化景观的组成及具体营建

（1）别墅绿化景观的组成

别墅绿化景观基本由以下7个部分组成。①私人庭院用地。有时这块地可达1亩（666.67m²）左右，业主可根据自己喜爱，在其中布置各种园林绿化植物或小品。②住宅分割带。也就是用以隔离别墅、区分私人用地的分割绿化带，现在最为流行的是绿篱。③行道树。这里所指是车行道，在别墅里往往也作人行道用的行道树。④别墅周边的绿地。因为用地和规划，周边绿地形状往往不规则。⑤水景。水体使别墅环境活泼，亲水是目前的热门话题。⑥孤植树。这里是指别墅每户并联房屋幢间补植的孤植大树。⑦景点。别墅建筑组团之间留出较为集中的绿地，这里暂称景点。

（2）别墅绿化景观的具体营建

① 私人庭院用地

生态观光型模式遵循地带性植被的生物学规律，应用植物生态位互补、互惠共生的生态学原理，科学配置人工植物群落，体现植物景观的文化特色和地方风韵。主要应用垂柳、银杏、碧桃、梅花、紫薇、玉兰、桂花、泡桐、木棉、槐树、观赏竹等形体优美或花朵艳丽的树种。林木栽植以群落组合为主，疏密有致，高低错落。群落结构一般控制为乔木与花灌木的比例为3∶1，落叶树与常绿树的比例为3∶1，阔叶树与针叶树的比例为8∶1，地被草坪覆盖率达85%以上。

生态保健型模式依据植物吸收二氧化碳、释放氧气的光合作用功能和某些树种分泌植物杀菌素的生物特性，运用拟生造林学原理，配置生态保健型的人工植物群落。主要树种配置有白皮松、罗汉松、丁香合欢、悬铃木、臭椿、白杨、榆树等。其结构要求加大复层立体绿化，突出生态保健功能，兼顾景观质量要求。群落结构主要为释氧、分泌杀菌素效应强的，地带性特色明显的树种集合。其中，大乔木、小乔木、花灌木的比例为5：2：2。绿色植物不仅可以缓解人们心理和生理上的压力，而且植物释放的负离子及抗生素，还能提高对疾病的免疫力。据测试，在绿色植物环境中，人的皮肤温度可降低1~2℃，脉搏每分钟可减少4~8次，呼吸慢而均匀，心脏负担减轻，另外森林中每立方米空气中细菌的含量也远远低于市区街道和超市、百货公司。构建芳香型生态群落（以上海为例），香樟、广玉兰、白玉兰、桂花、腊梅、丁香、含笑、栀子、紫藤、木香等都可以作为嗅觉类芳香保健群落的可选树种。因此，植物配置中的生态观还应落实到人，为人类创造一个健康、清新的保健型生态绿色空间。

生态环保型模式主要针对交通流量大或周边环境有较大污染的别墅区，强化森林植被吸收有害气体、吸滞粉尘、削减噪声等生态环保效应，减轻环境污染对人体的危害。植物配置主要强调发挥森林植物的生态环保功能，以改善环境质量为主，适当考虑景观效果。选配主要树种时，基调树种可选择垂柳、合欢、紫薇、大叶女贞、广玉兰、棕榈、侧柏等，骨干树种可选择国槐、冬青、黄杨、杜鹃等。行道树栽植，可采用栾树与大叶女贞、臭椿与广玉兰、枫香与大叶冬青、合欢与厚皮香等常绿树种和落叶树种的组合形式，既增强林带的生态环保功能，又能兼顾生态景观效果。

② 住宅分割带

每户私人用地之间界限，有部分开发商用简单的栏杆、界桩表示；有的则以绿篱、灌木为界；也有考虑比较细微的，是入口部分的庭院，并没有特别的界限，显得很开畅自然。而后庭院则有明确分隔，强调私密性，作室内活动的室外延伸。而作为围墙把整个庭院封闭起来的做法，越来越少，反映人们开放、外向的心理和社会的进步，而不同于封建社会的高墙无窗，画地为牢。如果以绿化作为分隔，要考虑植物无毒、不要带刺、有比较整齐的外形，同时价格不要太昂贵。如黄杨、蜀柏等。也有用花架来分割的，别墅区绿地的花架不但可分割空间，还能使两侧的景物互为因借，彼此衬托。花架在这里作为中景，使空间具有远、中、近3个层次，产生空间延伸的效果。

③ 行道树

行道树的种植需注意以下几点：

树种：希望以干道式组团划分，每一干道选择一种树种。在别墅内多个干道选多种行道树。目的一是形成组团之间不同的景观、意境，识别性强；二是构成多样性树种。

地位：避开地下管线，也避开天线和路灯。最好是树冠的下面在路灯之上，树干的中心离开管线 1m 以上。同时要考虑让开别墅住宅入口道路地坪。

靠近别墅建筑的地方，尤其是建筑在北面的，行道树要让开建筑的门口、窗口。行道树处在两幢建筑之间，使建筑的角隅有背景衬托，也不影响建筑采光、通风和视线，是很理想的地位。

由以上要求形成的行道树（车行道）是有规律的，但不是固定的间距种植。在健身步行道、小径等纵道周旁的树林，如以行道树称呼，则要融入周围环境，自由布置较为适宜。

④ 别墅周边的绿地

在别墅周边的绿地上可以种植一些结构紧密的树丛，进行树丛隔离带的配置，可以在有限的空间上拥有更多绿量，还可以在享受绿色美景的同时拥有独立的空间，草坪空间的树丛隔离带常用于草坪与道路的隔离、草坪与建筑物的隔离。除了突出别墅建筑物的轮廓外，最重要的是可以隔声除尘。如在草坪与道路之间的隔离带，就是运用花卉、灌木、高大的树丛形成的，将草坪与道路完全隔离开来，行人与草坪上的人互不干扰。从而使草坪上的人在享受到自然美的同时，又形成一个独立的、舒适的娱乐空间。草坪上树丛的配置应最大限度地体现其美化环境、改善和保护环境的综合功能。要考虑树木外形美、色彩美以及与周围环境的协调之美。要求是：组成常绿浓密绿带，形成别墅住宅区内良好环境和小气候，与外界有所区别；形成立体层次，有高大乔木、浓密灌木、良好的地被和攀缘植物。围墙上有钢丝网、防盗设施的要预先留好地位。只要设计合理，绿化种植甚利防盗，如种蔓性蔷薇，就使透空围墙有刺；浓密灌木丛，也使围墙有了空间的距离。

⑤ 水景

在应用水生植物进行配置时，要注意以下原则：水生植物与水边的距离要有远有近、有疏有密，切忌沿边线等距离种植，要留出必要的透景线；要注意植物群落配置后的立体轮廓线与水景的风格相协调；还应考虑水面的镜面作用，水面植物不能过于拥挤，一般不要超过水面的三分之一，以免影响水面的倒影效果和水体本身的美学效果；对视觉作用不大的水面，可加大植物的配置密度，以形成绿色景观；栽植的植物应严格控制其蔓延，可设置隔离绿带，也可缸栽放入水中。

在应用水生植物进行水体绿化时，首先要选好材料，力求做到既兼顾景观效果又能有效净化水质；其次，植物配置要讲究园林美学原则。下面推荐一些具有净化水质作用的水生植物。A.荷花：睡莲科睡莲属，多年生挺水植物，分株或播种繁殖。荷花花叶清秀、花香四溢，是良好的美化水面、点缀亭榭或盆栽观赏的植物材料。B.芦苇：禾本科芦苇属，播种或分株繁殖。其净化水质的效果较好，如将芦苇布置于自然式水岸边，别有一番野趣。C.水葱：莎草科草属，多年生宿根挺水草本，茎秆高大通直，青翠碧绿。其变种花叶水葱，在茎秆上有黄色环斑，具有一定观赏价值。水葱多于初春分株繁殖，栽种初期宜浅水。水葱茎秆挺拔翠绿，常用于水面绿化或作岸边点缀。D.蒲草：香蒲科香蒲属，多年生沼生草本，分株繁殖。其蒲棒可做切花或干花。

⑥孤植树

这里是指别墅每户占地大，建筑分布集中，单靠行道树、景点和周边绿化，部分别墅住宅建筑周围林冠线还不够丰富时，开发商在私人庭院之间、并联房屋幢间补植的孤植大树。这些树木品种可异于其他，要求分叉点低、树冠形态优美。如槐、榆、银杏、马褂木等。在宅旁屋后，形成美观优雅的立面轮廓和居住环境。中国风水讲究住宅大门、窗口前不种大树，有开阔视野、采光通风、避雷击、避鸟巢、避蚊蝇的考虑。清高贝南说：欲求数世之安，须东种桃柳、西种青榆、南种梅枣、北种奈杏。

这种情况的景点，可以结合挖河塑造部分地形。既为植物造景、植物种植创造适宜的立地条件，也使别墅更接近自然，建筑组团的空间划分更有趣味，是完全平坦的别墅区域不易达到的。

（3）别墅绿化营建时应注意的一些问题

在植物配置中，设计师还应该尽量多挖掘植物的各种特点，考虑如何与其他植物搭配，尤其重要的是尊重植物自身的生态习性。如垂柳好水湿，有下垂的枝条、嫩绿的叶色、修长的叶形，适宜栽植在水边；红枫弱阳性、耐半阴，枝条婆娑，阳光下红叶似火，但是夏季孤植于阳光直射处易遭日灼之害，故易植于高大乔木的林缘区域；桃叶珊瑚的耐阴性较强，喜温暖湿润气候和肥沃湿润土壤，与香樟的生长环境条件相一致，是香樟林下配置的良好绿化树种，如果配置在郁闭度较低的棕榈林下就生长不良。再如某些适应性较强的落叶乔木有着丰富的色彩、较快的生长速度，就可与常绿树种以一定的比例搭配，一起构成复层群落的上木部分。落叶树可以打破常绿树一统天下（四季常绿、三季有花）的局面，为秋天增添丰富的色相，为冬天增添阳光，为春天增添嫩绿的新叶，为夏天增添荫凉。还有就是要提倡大力开发运用乡土树种，乡土树种适应能力强，不仅可以起到丰富植物多样性的作用，而且还可以使植物配置更具地方特色。

住区环境中的植物配置除要熟悉和了解植物的生态习性、植物形态、生长量以及植株与环境、地形、土壤性质、空气湿度的关系外。还要了解植物配置中植物与人类的交流，植物内在的意境。熟悉当地民风民俗和植物的意境，如竹类切忌种植在房屋南面等等。设计施工应该相互协作、弥补不足，共同营造科学合理、景观优美的居住环境。

可见要创建别墅区良好的绿化环境必须有科学合理的环境景观总体规划。要提倡人性化设计，紧密结合以人为本的宗旨，尽量使每栋别墅形成自己的生态小气候。其次还要有较高的绿地率，绿地分布具有均好性；乔木植株数量多，常绿与落叶必须搭配合理；道路及人行步道线条自然柔和，尺度宜人。设计好地形的变化，处理好地形、植物两者之间的生态关系，考虑好植物与建筑的协调。归纳而言，运用自然式的群落配置就会有较好的景观效果。

4. 植物配置的要点

植物是园林景观营造的主要素材，所以别墅能否达到实用、经济、美观的效果，在很大程度上取决于对园林植物的选择和配置。

园林植物种类繁多，形态各异。有高逾百米的巨大乔木，也有矮至几厘米的草坪及地被植物；有直立的，也有攀缘的和匍匐的；树形也各异，如圆锥形、卵圆形、伞形、圆球形等。植物的叶、花、果更是色彩丰富，绚丽多姿，因为有这样好的素材，所以在我们别墅庭园设计中可以大量用植物来增加景点，也可以用植物来遮挡私密空间，同时因为植物的多样性我们也可以做出庭园的四季季相。要我们在庭园中能感觉到四季的变化，更能体现庭园的价值。园林植物在庭园景观营造中作用有以下几个方面：

（1）表现时序景观

园林植物随着季节的变化表现出不同的季相特征，春季繁花似锦，夏季绿树成荫，秋季硕果累累，冬季枝干虬劲。这种盛衰荣枯的生命节律，为我们创造庭园四时演变的时序景观提供了条件。根据植物的季相变化,把不同花期的植物搭配种植,使得庭园的同一地点在不同时期产生某种特有景观,给人不同的感受,体会时令的变化。

利用园林植物表现时序景观,必须对植物材料的生长发育规律和四季的景观表现有深入的了解,根据植物材料在不同季节中的不同色彩来创造庭园景色供人欣赏,引起人们的不同感觉。自然界花草树木的色彩变化是非常丰富的,春天开花的植物最多,加之叶、芽萌发,给人以山花烂漫、生机盎然的景观效果。夏季开花的植物也较多,但更显著的季相特征是绿荫匝地、林草茂盛。金秋时节开花植物较少,却也有丹桂飘香、秋菊傲霜,而丰富多彩的秋叶秋果更使秋景美不胜收。隆冬草木凋零,山寒水瘦,呈现的是萧条悲壮的景观。四季的演替使植物呈现不同的季相,而把植物的不同季相应用到园林艺术中,就构成四时演替的时序景观。

(2)创造庭园观赏景点

园林植物作为营造优美庭园的主要材料,本身具有独特的姿态、色彩、风韵之美。不同的园林植物形态各异、变化万千,既可孤植以展示个体之美,又能按照一定的构图方式配置,表现植物的群体美,还可根据各自生态习性,合理安排,巧妙搭配,营造出乔、灌、草结合的群落景观。

就拿乔木来说,银杏干通直、气势轩昂,油松曲虬苍劲,玉兰显富贵,这些树木孤立栽培,即可构成别墅主景。而秋季变色叶树种元宝枫、银杏等种植可形成"霜叶红于二月花"的景观。许多观果树种如海棠、山楂、石榴等的累累硕果呈现一派丰收的景象。

色彩缤纷的草本花卉更是创造观赏别墅景观的好材料,由于花卉种类繁多、色彩丰富、株体矮小,园林应用十分普遍,形式也是多种多样。既可露地栽植,又能盆栽摆放组成花坛、花带,或采用各种形式的种植钵,点缀别墅窗前环境,创造赏心悦目的自然景观,烘托喜庆气氛,装点人们的生活。

许多园林植物芳香宜人,能使人产生愉悦的感受。如桂花、腊梅、丁香、兰花、月季等香味的园林植物种类非常多,在别墅设计中可以利用各种香花植物进行配置,营造成"芳香园"景观,也可单独种植成专类园,如丁香园、月季园。也可种植于经常活动的场所,如在盛夏夜晚纳凉场所附近种植茉莉花,微风送香,沁人心脾。

（3）进行意境的创作

利用园林植物进行意境创作是中国传统庭园的典型造景风格和宝贵的文化遗产。中国植物栽培历史悠久，文化灿烂，很多诗、词、歌、赋和民风民俗都留下了歌咏植物的优美篇章，并为各种植物材料赋予了人格化内容，从欣赏植物的形态美升华到欣赏植物的意境美，达到了天人合一的理想境界。

在庭园景观创造中可借助植物抒发情怀，寓情于景，情景交融。松苍劲古雅，不畏霜雪严寒的恶劣环境，能在严寒中挺立于高山之巅；梅不畏寒冷，傲雪怒放；竹则"未曾出土先有节，纵凌云处也虚心"。三种植物都具有坚贞不屈、高风亮节的品格，所以被称作"岁寒三友"。其配置形式，意境高雅而鲜明，常被植于文人与清官的庭园中。兰花生于幽谷，叶姿飘逸，清香淡雅，绿叶幽茂，柔条独秀，无娇弱之态，无媚俗之意，摆放室内或植于庭院一角，意境何其高雅。

（4）起到烘托别墅的作用

植物的枝叶呈现柔和的曲线，不同植物的质地、色彩在视觉感受上有着不同，别墅中经常用柔质的植物材料来软化生硬的几何式建筑形体，如基础栽植、墙角种植、墙壁绿化等形式。一般体形较大、立面庄严、视线开阔的别墅附近，要选干高枝粗、树冠开展的树种；在玲珑精致的别墅四周，要选栽一些姿态轻盈、叶小而致密的树种。园林植物与山石相配，能表现出地势起伏、野趣横生的自然韵味，与水体相配则能形成倒影或遮蔽水源，造成深远的感觉。

掌握植物在别墅景观营造中的这些作用，是我们顺利开展植物造景工作的前提，而各种植物材料更是植物造景的基石。

（三）休闲度假区绿化

休闲度假区是现代城市住区的一种形式，具有郊区和生态两层概念，在大景观的营造上与都市景观的最大差异，在于后者是以建筑物为景观的第一要素或表现者，而休闲区应贯彻以植物及自然地貌为第一要素或表现者的原则。这不但是在美学手法和美学效果上显示与城市的不同，体现出更高层次上的自然美，更重要的还在于提供更多的生态服务功能，使区内的环境变得更好，更有益于人的健康。为了实现这种以自然物为第一要素的住区景观，休闲度假区绿化环境的设计，是在度假区总体规划的基础上及在其指导下，结合一般居住区绿化规划设计、旅游度假区规划设计和城市公园规划设计的原理和方法进行的。

1. 一般原则

（1）规划目标

充分利用和合理改造用地范围内的山水地形地貌和绿化基础，优化区内整体生态环境，形成一个客人在自然山水生态环境中进行丰富多样的日常健身休闲和娱乐社交活动场所。通过绿化调和统一建筑物与自然环境在景观生态上的关系，修补因房屋道路建设对自然山林和地形地貌的破坏。总之，绿地规划设计要充分体现可持续发展，充实生态文化、历史文化内涵，形成度假区可居可游的综合功能。

（2）布局

常常把整个度假区主干道作为社区内山水园林景观、联系规划景点（或景区）的游览路线。在不布局住宅建筑的山林绿地、湖塘水体边，综合考虑具体地形条件、绿化基础和建设可行性、交通因素等，布置不同的山水风景点和具有休闲健身娱乐功能的园林景点。如沿主干道相继展现茂密大森林、幽深的竹林、宁静明秀的湖塘、潺潺流水的叠泉小溪和开阔绚丽的花草地等等，形成诸如湖光烟柳、竹林闻蝉、斜阳叠翠、三春草绿、清溪踏歌等具有自然山林野趣和乡村田园风情的富于诗情画意的景观，让居民开展春采花逐燕、夏沐风观荷、秋问茶赏桂、冬踏雪寻梅等游赏休闲活动。

（3）住宅建筑群或社区公共功能中心

根据建筑功能和形式风格、布局方式及组团内建筑间绿地不同的绿化美化景观效果，将其规划为社区景观布局中的景点（或景区），赋予诸如碧海云天、白云深处、嘉和苑、江湖梦远、香溪福邸等组团（组群）名称。

（4）规划设计手法

① 保护自然山林，进行林相改造，完善群落结构，提高其生态保育功能，丰富四季季相，形成社区最主要的自然景观。在树林中开辟游步道和大小不一的林间草地、疏林草地，适当布置园林小品和风景（点景）建筑，供居民实行晨练、登高、散步和森林浴等活动。

② 湖泊水塘及滨水池地带是社区中既宁静又活泼的空间环境，岸边多筑自然式驳岸，由缓坡草地过渡到自然山林或培植的树丛。岸边或水中，常建临水茶室，安排垂钓、游船、游泳等水上休闲活动内容设施，配以曲桥汀步，又营造与溪流相呼应的喷泉、瀑布和跌水等动态水景。开阔草坪一般布置在向阳开敞的社区公共活动中心（或社区会馆）附近的缓坡地上，是社区中最为居民喜爱的户外自然

空间。在居民可方便到达的局部地段，充分利用地形条件，可规划精致的古典山水园林。此外，在园林绿地中，还应注意布置儿童游乐场和老人乐园等一般居住必须配套的公共园林活动场所。

③ 住宅建筑群的环境绿化应注意把握以下原则：绿化不是掩盖建筑物，而是通过植物配植，使建筑物与山水园林环境更加协调融洽，形成度假区中人与自然协调共生的生态文化景观和理念。具体绿化布置时，由于有良好的山林绿化大环境，又以低层别墅建筑群为主，故要注意形成建筑物周围开敞明朗的空间环境，使建筑物与山水环境及绿化景观互为映衬，同时适当地形成每一幢别墅或建筑组群之间的空间分隔，减少居民生活的相互干扰。布局形式上以自然式为主，使各建筑组群的绿化景观特色与每一建筑组群的风格和所属的景点意境相配合。

④ 在社区内主干道两侧，结合各不同景点和建筑组群的绿化布置，疏密相间，既可形成一定的道路绿化的遮阳效果，又可开辟透景线，展示各处山水风景、园林景观掩映中的建筑物。

⑤ 应通过绿化弥补或修复由于各项建设对自然地形的破坏，如通过垂直绿化掩盖施工开挖后不自然的陡坎和构筑的挡土墙等等。

⑥ 在绿化材料的选择方面，由于地处郊野的自然生态环境中，没有城市大气污染、城市热岛和其他城市不利的生态环境的限制，可选用不少当地山野生长的观赏价值高的乡土植物和对环境条件较敏感而观赏价值较高的园林植物，有利于形成更加自然秀美的社区山水风景和绿化景观。

在绿化的效果设计上，花园采用点、线、面与主体绿化相结合的原则，从道路绿化、广场绿化、庭院绿化到住宅墙面、客台、平台、屋顶等都进行综合绿化，统一设计，形成多层次的空间绿化系统，并配以天然石景、铺地等小品，营造自然、舒适、别致、休闲的绿化空间，使绿化与整个大自然融为一体。

⑦ 利用、改造自然景观与人造山水景观相结合。未经开发改造的山岭、荒林、湖水、山塘，往往难以达到理想的要求，合理的做法应是：有景用景，用景改景，无景造景，天然与人工结合。例如对水面较宽的山塘通过种植、造岛（必要时）、架桥、清污、净化水体等办法可以改造成景色宜人的优美平湖，使住区具有难得的水景。相似的办法也可以把原有的荒山、乱林改造成层次丰富、优美的山景、林景。山坡地段可因地制宜地建设房屋，让楼外人看到层层琼楼，为住区增色不少；楼内居民由于楼房的高低差可更多地观赏楼外景观，比平地建楼更胜一筹。

2. 休闲度假区基本要求

（1）自然化

休闲生活是逃避城市的紧张和喧嚣，是对大自然的回归，故而园林景观的影响和作用十分突出。一般来说，休闲地景观和园林安排一定要自然，要么体现出大自然原始的美，要么体现出田园风光，避免过分人工雕琢的痕迹。即使是在原天然生态系统已严重破坏的废弃地上，也应尽量恢复当地原生态系统的面貌或向与当地大环境条件相适应的田园风光的方向营造。植物是景观园林的第一要素，在其选择上，应多使用当地的乡土树种，生长好，能提供最大的生态服务功能，维护成本又低。

（2）人心趋静

休闲地景观园林规划设计，应立足于引导人们心情趋于舒缓平静，一入区就有一种绝尘脱俗的感觉，觉得和外面紧张的世界就是不一样，整个人一下子就放松了下来。植物色彩搭配不要反差太大，慎用大面积的简单而又紧张的几何构成，要有线条引导，当然也要避免又碎又乱。水景的安排也应该安静多于喧闹。小品和雕塑要宁静温馨，不要张狂。

（3）美学的要求

① 主题原则

任何园林规划都应有其主题，包括总主题和各分片、分项主题，它是景观园林规划的控制和导引，起到提纲挈领的作用。但在浮躁的城市住区规划中，主题往往被取消，而满足于一张毫无思想性、科学性和功能安排的信口标注、指鹿为马的所谓"漂亮"的画。和城市住区比起来，休闲度假区档次更高，规划水准也理应更高，更体现功力，只有选一个有思想深度的主题，才能做出真正好的景观园林规划。

② 点—线—面的原则

所谓面，是指整个小区或小区的某个相对独立的部分，是从事景观园林建设的空间。但整个小区平面的均质化不能造成良好的视觉效果，就要有一些界限为其纲，分割空间、强调差别、引导或阻隔视线。线和线会有交叉，太长的线因易引起视觉模糊也需要间断，就会有点的存在。处理好这三者的关系，景观园林就走不了大样。如果把握不住，细部做得再多，图纸画得再"好看"，也做不出好景观来。

③ 收放的原则

一个好的休闲度假区景观园林规划，应把放开视线和隐蔽景物尽量结合起来。开放式大空间给人的震撼是其他手法无法替代的，只要有足够的空间，都应该给出适当的大空间来，如成片的绿地、水面、酒店、公建等。隐蔽的含义有两层，一是指把有碍观瞻的东西藏起来，如垃圾站、园艺堆肥场、管线井、过滤池、挡土墙等，是一种被动的应付。更重要的一层含义是把景观有层次地布局，在最佳时机展现（就像说相声的"解包袱"），是一种主动的造景。当然还有半隐半现的，如山地的休闲别墅，在景观上处理成若隐若现于树林中，是很好的选择。

④ 均衡原则

和城市住区建设中常见的大面积推平场地的做法不同，休闲住区在总体布局中贯彻"尽量尊重自然地形"的原则，这是一种维护和强调差别的做法。但这不等于说不要均衡，即使是在自然地形地貌十分复杂的地段，也要尽量使各部分、各主题、各细部有所响应，避免偏沉和杂乱感。当然，也不是追求绝对化的几何或力学对称，从而给人一种活泼而不是死板的感觉。实现这条原则难度很大，对规划师素质的要求极高。

⑤ 节点的原则

节点是由线的交叉而产生的，是网络中聚合视线和辐散视线的地方，最先引起人的注意，留下的印象也最深，因此应竭力处理好节点。节点是属于不同层次的，如有的节点是整个小区这个层次上的，有的节点则是住宅组团这个层次上的。但在相应的层次上，都应着意强调它们，使之在整个面上凸显出来。

3. 生态功能考虑

（1）环境舒适的原则

人居小区的设计，当然以人为本，体现对人的关怀，休闲度假区尤其如此。应主动借助植物以及其他一些生物物种的作用，把生态因子向着使人感觉更舒适的方向调整。为此，应考虑更多的生物措施以充分发挥其生态服务功能。如行道树的选择既考虑造就人行道的林荫效果，又考虑快车道适当留出上空以便受污染的空气上升扩散；在华南，建筑物北侧的树木选择高大浓荫的常绿树，以阻挡冬季季风和拦阻夏日北晒，现时南侧主要选用冠形耸立的针叶树种或枝叶较稀、冬季落叶的阔叶树种，使房间内冬季阳光充足，造成干燥暖和的效果。再如恰当的墙面和屋顶绿化，起到室内降温的作用；穿插能释放较多负氧离子的针叶树种或既杀菌又有清香气味的桉树类树种，从而使空气清新等等。

（2）污染防治的原则

一方面是细致而周到地考虑植物可能的环保作用，一方面使这种作用尽可能发挥到极致。如利用高大乔木叶量大、初级生产力高的特点，能对二氧化碳的吸收和氧的释放做出更大的贡献；在面对交通干线的地方设立浓密的、起隔声降尘作用的高绿篱；利用针叶树和桉类树种分泌的抗生性物质杀菌，净化空气；利用厌氧微生物处理中水和下水，再选用生长快的沼（水）生植物吸收和过滤经厌氧发酵处理过的废水中的悬浮物和能导致富营养化污染的营养离子；在水体中放养食孑孓鱼类以减少杀虫剂的使用等等。

（3）系统稳定的原则

休闲度假区往往建在山体、水畔、海边等地方，这些地方地处生态学上的边缘性交汇带，天然景观虽好，但地质、水文、气象、生物诸因子间的平衡比较脆弱，更易发生自然力导致的灾害，如滑坡、泥石流、崩塌、沉陷、洪水、台风等。为了防患于未然，在最初规划的时候就着手考虑环境稳定性的问题，就是十分必要的了。提高环境稳定性从两方面入手：其一，在规划中尽量尊重当地的地质、地貌、土壤、水文、植被现状，因为这是千万年来各种自然力作用取得均衡的结果，如果你强行把它破坏了，就可能引起生态系统连锁性的退行性变化，或它又向原来的状态恢复，把你花了投资构筑的东西和安排的景观部分或全部地毁坏掉。其二，在维护和加强系统稳定性的措施中，生物措施应是首选的，因为这些活的东西可以通过适应和调节而和其他生态因子达成平衡，虽然从短期看不一定是最好的，但从长期看却是最稳定的。这方面的措施，比如生物护坡、生物固堤等。

（4）适生树种及合理的群落布局的原则

生态学之要旨，是和生物和环境的统一。许多植物虽漂亮，但不适应开发地的环境，也不能用。而植物和动物能否生长良好从而达到最佳的景观效果及提供最大的生态服务功能，除了和大环境有关外，还涉及各种群相互作用而造就的群落小环境。所以，符合生物天性的群落组配是更加重要的。比如，开放式草坪和疏林草地选用的草种不同，透光乔木下和浓荫乔木下选用的灌木和地被植物不同；根能产生相克性物质的树林下不要安排重要灌木成景而是安排下层开敞的野营地；池塘中有大鱼的要种植非食性植物等，都反映了这方面的考虑。

（5）生物多样性的原则

生物多样性是近年来生态学界以及广大公众都十分关心的问题，在休闲住区规划中对此的考虑形成了一个有别于传统园林的突出重点。除了植物的使用必须多样化以外，为了达到景观园林层次的提升，应力争多采用安排动物的措施，如鸟类招引、小兽放养、家鱼野化、昆虫饲养、野生动物保育等。当然，这不要被理解为动物越多越好，前提是不能给居民带来烦扰、不便甚至伤害。为此，管理和调节、控制动物种群的密度就是至关重要的了。

（6）物质循环的原则

在了解生态系统物质循环规律的基础上设计、调节生态化休闲住区的物质循环，使之向最有利于人类利益的方向发展，是生态住区工程的主要内容。具体到住区规划里，一是为了降低物质输入输出水平以降低物业和生活成本进而提高效率（效率优先原则的具体化），另一是为了减少住区内外的富营养化污染，还为了减少住区内用于维护栽培植物而使用的化肥量进而减少其方方面面的危害。例如，住区内屋顶绿化推荐有机生态型无土栽培技术，就是为了把园内的枯枝落叶和污水处理过程中积累起来的营养离子再一次利用起来。再如使用植物系统处理生活污水，也包含了这方面的考虑。

总之，休闲住区的环境设计包含两个层面的问题，即景观和生态的设计。设计要结合具体环境的地形地貌特点以及生态环境中的水文、动植物等各种要素，以美学、生态学和循环经济等理论为指导，实现休闲住区景观的美化、生态的优化和环境的可持续性。

第四章 园林绿化施工及实例

一、施工准备

园林绿化是人类文明发展到一定阶段的产物，我国有五千年的文明史，有着灿烂的古文化，是世界园林三大流派的发源地之一。随着社会经济的快速发展和物质文明的迅速提高，人们对其生存环境的要求越来越高。因此，园林绿化作为创建优美人居环境的作用与重要性也日益凸显，并被全社会广泛重视，出现了前所未有的良好发展态势。

园林绿化工程是城市基本建设的重要组成部分。认真做好园林绿化工作对于增强城市的综合竞争力，促进城市的可持续发展都有长远的重要影响。

（一）施工前准备

园林绿化工程施工前的准备工作十分重要，当完成投标工作，确定中标单位后，首先要签好绿化施工合同，然后办理各项开工手续。设计方要认真做好技术交底；施工方要认真领会设计意图，实地勘察与分析工地现状，了解现场的特点及地下管线等有关情况。为了能有把握地完成绿化任务，施工方还应做好以下准备工作。

（二）技术准备

（1）根据招标文件要求，认真审核，熟悉施工图，领会设计意图，全面掌握工程的范围和工程项目数量，以及工程质量要求等。

（2）熟读相关技术要素，收集有用技术资料。建立施工范围内土壤、水质、水源等技术档案。测定土壤的pH值，研究施工进场后如何做好地形、园路、山石、园水、植物、建筑六大要素的合理安排，包括了解和掌握这六要素的特性。

（3）根据技术承诺进一步完善施工预算，认真做好施工组织设计，制定施工方案，制订安全操作规程，建立安全责任制等各项管理规章办法。

（三）进场准备

（1）施工前必须做好进场的准备工作。对进场所需的各类设备应提前进行整理与维护保养。要落实本工程中所需大树、大苗等材料的来源与调运，周密安排种植计划等。

（2）组织好施工班子。安排好施工人员进场秩序，做到责任落实，工作有条不紊，建立好工作班子和管理班子。

（四）施工现场准备

（1）对施工现场按文明施工要求进行封闭围护，并及时合理地搭好临时施工管理办公室、施工现场办公室、临时用的仓库、宿舍、食堂及必须的附属设施。修建临时设施应遵循节约、实用、方便的原则。做好各种机械、设备、材料的入库工作。大型设备进场前必须做好调试工作，以便在开工时能及时运用。材料仓库必须有专人负责管理。

（2）再次全面深入地理解和掌握设计图要求，对需要搬迁、改道的管线以及需要保护的建筑、古树名木等，制订并落实搬迁、改道和保护措施。

（3）对工场现场测量，设置平面控制点与高程控制点。

（4）做好"三通一平"，即水要通、路要通、电要通、土地要平整。施工临时道路应以不妨碍工程施工为标准，结合设计园路、地质状况及运输荷载等因素来确定。施工现场的给水排水应满足施工要求，场地平整应配合原设计图平衡土方，并做好拆除地上、地下障碍物和设置材料堆放点等工作。

（5）后勤保障工作是保证工程施工顺利进行的重要环节。要认真做好劳动保护工作，强化安全意识，落实消防措施。

认真搞好安全、防火、防盗责任制。确保施工场地的安全。

（五）编制施工组织设计

做好施工组织设计是如何科学合理地安排好劳动力、材料、设备、资金和施工方法这五个主要因素，并根据园林工程和组织手段使人力与物力、时间与空间、技术与经济、计划和组织等多方面合理优化配置，从而保证施工任务顺利完成的关键。

（1）熟悉工程施工图，领会设计意图，收集自然条件和技术经济条件资料。

根据绿化工程的特点，体现园林综合艺术，充分理解设计图纸，熟悉造园手法，采取针对性措施，编制出切实可用的施工方案。

（2）采用先进的施工技术和管理方法，选择合理的施工方案。绿化工程施工中，应视工程的实际情况、现有的技术力量、经济条件等采纳先进的施工技术、科学的管理方法，将工程合理分项并计算出各自的工程量，确定工期。

（3）确实施工方案、施工方法，并对施工方案做好技术经济比较，选择最佳方案，并适当优化与完善。要注意在不同的施工条件下，拟定不同的施工方案，使所选的施工方法和施工机械更合理。

（4）利用横道图或网络计划技术编制施工进度计划，使施工进度和施工成本最优、劳动资源组合最优、施工现场调度和施工现场平面布置最优，确保按质、按量、按期完工。

（5）制定施工必需的设备、材料、构件及劳动力计划，做好贵重设备和材料入库工作，尽可能合理调配机械设备，认真地购置所需材料，有计划地进入施工场地，工程须连续地、均衡地施工，力求避免出现窝工、拖工现象。

（6）布置临时设施，一定要方便合理，不能缺少施工的关键功能。做好"四通一平"和文明施工工作。

（7）编制施工准备工作计划。周密合理的施工计划应依施工顺序作安排。要按施工规律配置工程时间和空间上的秩序。做到相互促进，紧密搭接。施工方式上应视实际需要可适当组织交叉作业和平行作业，以确保工程进度。

（8）给出施工平面布置图。绿化工程是环境艺术工程，是设计者呕心沥血的艺术创作，完全凭借施工手段来实现，因此既要一丝不苟按图施工，又要对原设计有疏忽或不尽合理的方面通过精心施工的再创造，让作品更完美。

（9）计算技术经济指标，确定劳动定额，根据选用的最优技术和经济方案来确定劳动定额，合理提高工效，但必须保证工程质量。工程质量是保证施工项目的关键指标，施工组织设计中要针对工程的实际情况制定质量保证措施，建立工程检查体系。

（10）拟定技术安全措施。"安全为了生产，生产必须安全"。保证施工安全和加强劳动保护是现代企业管理的基本原则，施工中必须贯彻"安全第一"的方针。制定出切实可行的安全操作规程和注意事项。加强施工安全检查，配备必要的安全设施，做到万无一失。

（11）成文归档。要做好各阶段的文字档案，以及该工程审批的各种文字、数据台账的归档工作。工程的收尾工作是施工管理的重要环节，但有时往往未加注意，使收尾工作不能及时完成。这会导致资金积压，增加成本，造成浪费。因此组织设计中要制定好后期收尾工程的一切手续。使工程能尽快竣工，验收，交付使用。

二、地形地貌改造

（一）园林地形地貌及其作用

1. 园林地形地貌的概念

"园林地形地貌"在园林绿地设计中习惯称为"地形"，是指测量学中地形的一部分——地貌，包括山地、丘陵、平原，也包括河流、湖泊。

2. 园林地形地貌的作用

地形地貌的处理是园林绿地建设的基本工作之一。它们在园林中有如下作用：

（1）满足园林功能要求：利用不同的地形地貌，设计出不同功能的场所、景观。

（2）改善种植和建筑物条件：利用和改造地形，创造有利于植物生长和建筑布设的条件。

（3）满足地表的排水。

（4）划分空间，构成空间。

（5）形成小气候。

（6）骨架作用（抬升建筑物、构筑物、山石和绿化的高度，形成不同的景观效果）。

（二）园林地形设计的原则和步骤

1. 园林地形设计的原则

园林地形和改造应全面贯彻"适用、经济、在可能条件下美观"的城市建设的总原则。园林地形的特殊性，还应贯彻：

（1）利用为主，改造为辅。

（2）因地制宜，因园制宜，量力而行。

（3）符合自然规律与艺术要求。

2. 园林地形设计的步骤

（1）准备工作

① 园林用地及附近的地形图。

② 收集市政建设部门的道路、排水、地上地下管线及与附近主要建筑的关系资料。

③ 收集园林用地及附近的水文、地质、土壤、气象等现况和历史有关资料。

④ 了解当地施工力量。

⑤ 现场踏勘。

（2）设计阶段

① 施工地区等高线设计图（或用标高点进行设计），图纸平面比例一般用 1：500 至 1：200，设计等高差为 0.25~1m，图纸上要求表明各项工程平面位置的详细标高。并要表示出该地区的排水方向。

② 土方工程施工图。

③ 园路、广场、堆山、挖湖等土方施工项目的施工断面图。

④ 土方量估算表。

⑤ 工程预算表。

⑥ 说明书。

（三）园林地形地貌的设计

园林地形地貌设计可概括为四大方面：

1. 平地

平地是指公园内坡度比较平缓的用地，这种地形在新型园林中应用较多。为了组织群众进行文体活动及游览风景，便于接纳和疏散群众，公园必须设置一定比例的平地，平地过少就难于满足广大群众的活动要求。

园林中的平地大致有草地、集散广场、交通广场、建筑用地等。

2. 堆山（又叫掇山、叠山）

我国的园林以风景为骨干的山水园而著称。有了山就有高低起伏的地势，能调节游人的视点，组织空间，造成仰视、平视、俯视的景观，能丰富园林建筑条件和园林植物的栽植条件，并增加游人的活动面积，丰富园林艺术内容。

堆山可以是独山，也可以是群山，一山有一山之形，群山有群山之势。在设计独山或群山时都应注意东西延长的山，要将较大的一面向阳，以利于栽植树木和安排主景，尤其是临水的一面应该是山的阳面。

3. 理水

我国古典园林当中，山水是密不可分的，堆山必须顾及理水，有了山还只是静止的景物，山有水才活，有了水能使景物生动起来，能打破空间的闭锁，还能产生倒影。水景能调节气温，吸收灰尘，还可用于灌溉和消防，还能进行各种水上运动及养鱼种藕等。

水景按静动状态可分为：

动水：河流、溪涧、瀑布、喷泉、壁泉等；静水：水池、湖沼等。

水景按自然和规则程度可分为：

自然式水景：河流、湖泊、池沼、泉源、溪涧、涌泉、瀑布等；规则式水景：规则式水池、喷泉、壁泉等。

水景中还包括岛、水景附近的道路。岛可分为山岛、平岛、池岛；水景附近的道路可分为沿水道路、越水道路（桥、堤、汀步）。

4. 叠石

叠石是我国园林中传统的艺术之一，有"无园不石"之说。

（1）选石

石有其天然轮廓造型，质地粗实而纯净，是园林建筑与自然环境空间联系的一种美好的中间介质。

我国选石有六要素：质、色、纹、面、体、姿。

（2）理石的方式与手法

园林中利用岩石构成景物的方式称为理石。可分三类。

① 点石成景：有单点、聚点和散点。

② 整体构景：用多块岩石堆叠成一座立体结构的形体。这方面前人对整体构景的叠石有传统性的经验之谈，所谓"二宜、四不可、六忌、十大手法"。

"二宜"：造型宜有朴素自然之趣，不矫揉造作、卖弄技巧；手法宜简洁，不要过于烦琐。

"四不可"：石不可杂；纹不可乱；块不可匀；缝不可多。

"六忌"：忌似香炉蜡烛；忌似笔架花瓶；忌似刀山剑树；忌似铜墙铁壁；忌似城郭堡垒；忌似鼠穴蚁蛭。

"十大手法"：挑、飘、透、跨、连、悬、垂、斗、卡、剑。

③ 配合工程设施，达到一定的艺术效果。

山石在园林中的配合应用包括可用作亭、台、楼、阁、廊、墙等的基础与台阶、山间小桥、石池曲桥的桥基及配置于桥身前后，并与周围环境协调。具体方式有如下数种：

A. 山石与植物的结合自成山石小景；

B. 山石与水景结合；

C. 山石与建筑、道路结合。

（四）园林地形地貌

1. 地形的功能作用

（1）地形改造包括：土方调整设计、台地设计、挡土墙设计、微地形设计。

（2）地形、排水和坡面稳定

地形设计中应考虑地形与排水的关系，地形和排水对坡面稳定性的影响。

（3）地形坡度

地形坡度不仅关系到地表面的排水、坡面的稳定，还关系到人的活动、行走和车辆的行驶。

① 通过合理的土方调整设计，能使场地具有合理的地表排水；能够创造建筑用地；草地空间或其他用途平整用地；提供用于步行和机动车辆道路系统的用地。实施土方调整的方法可以完全由填方或挖方完成，也可以通过填挖方共同完成。

② 可以单独控制地形设计台地，也可以使用挡土墙。没有挡土墙的台地，仅限于允许土壤安息角存在的空间。每一种土壤都有其最大安息角（表4-1）。

各种土壤的安息角　　　　　　表4-1

名称	自然倾角	坡度	边坡斜率
砾石	30°	75%	1∶1.75
卵石	25°	48%	1∶2.10
黏土	15°	27%	1∶3.70
亚黏土	30°	75%	1∶1.75
腐殖土（山泥）	25°	48%	1∶2.10
粗砂	27°	50%	1∶2.00
中砂	25°	48%	1∶2.10
细砂	20°	36%	1∶2.75

绿化工程

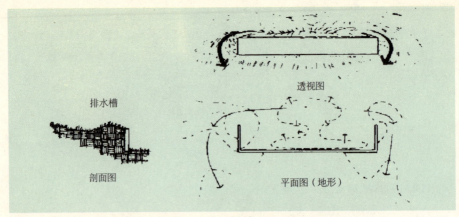

图 4-1 挡土墙控制地表水的排放

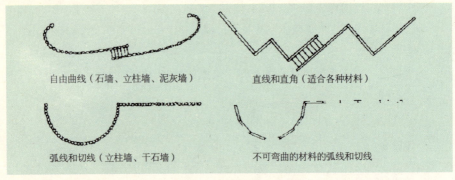

图 4-2 挡土墙创造丰富的园景

③ 挡土墙能在不同水平高度创造最大的可用空间，同时还可以控制地表水的排放。

重要的造景要素之一，可通过形式、高度、结构、外墙材料的色彩、质地、铺砌形式等创造丰富的园景（图 4-1、图 4-2）。

④ 合理使用微地形可以创造出生动有趣的地形特征，而这些都可能直接影响到空间的大小、形状，并能提供高密度的防风、防噪声屏障。植物可栽植在微地形的侧面和顶部，同时也要考虑与其他景观要素结合（图 4-3）。

⑤ 利用坡面造景，可设置坐憩、观望的台阶；可设模纹花坛或树篱坛；可设落水或水墙等水景；可设浮雕景墙等小品设施（图 4-4、表 4-2）。

第四章　园林绿化施工及实例

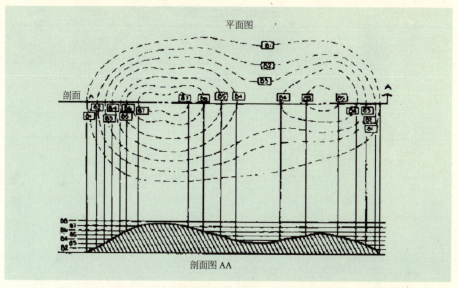

图 4-3　使用微地形创造出生动有趣的地形特征

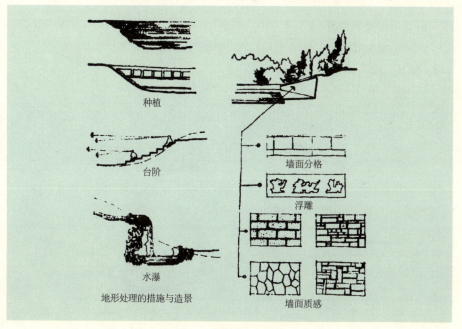

图 4-4　利用坡面造景

地形设计中坡值的取用 表4-2

项目 \ 坡值 i		适宜的坡度(%)	极值(%)	特点说明
游览步道		≤8	≤12	
散步坡道		1~2	<4	
主园路(通机动车)		0.5~6(8)	0.3~10	当小于0.3%时,设计锯齿形边沟来排除地面径流
次园路(园务便道)		1~10	0.5~15	
次园路(不通机动车)		0.5~12	0.3~20	
广场与平台		1~2	0.3~3	地坡　平台台阶宽
台阶		33~50	25~50	1%　≥200m
停车场地		0.5~3	0.3~8	2%　≥100m
运动场地		0.5~1.5	0.4~2	3%　≥50m
游戏场地		1~3	0.8~5	
高尔夫球场地		2~3	1~5	
草坡		≤25~30	≤50	允许地坡起伏在1%~5%
种植林坡		≤50	≤100	
植被土坡		33	≤50	
理想自然草坪		2~3	1~5	有利机械修剪草皮
明沟	自然土	2~9	0.5~15	
	铺砌	1~50	0.3~100	

2. 地形的骨架作用

地形是构成园林景观的骨架,建筑、植物、落水等景观常以地形作为依托(图4-5、图4-6、图4-7)。

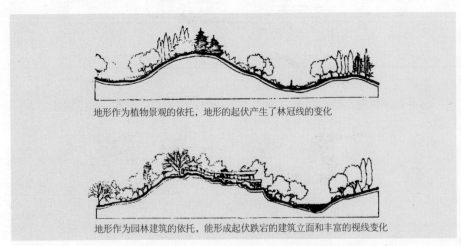

地形作为植物景观的依托,地形的起伏产生了林冠线的变化

地形作为园林建筑的依托,能形成起伏跌宕的建筑立面和丰富的视线变化

图4-5　以地形作为依托造景(一)

第四章 园林绿化施工及实例

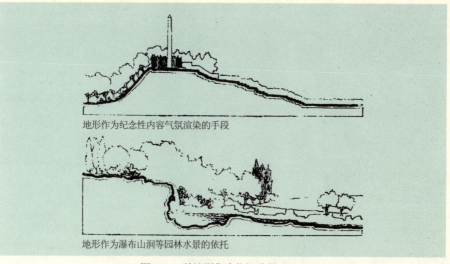

图 4-5 以地形作为依托造景（二）

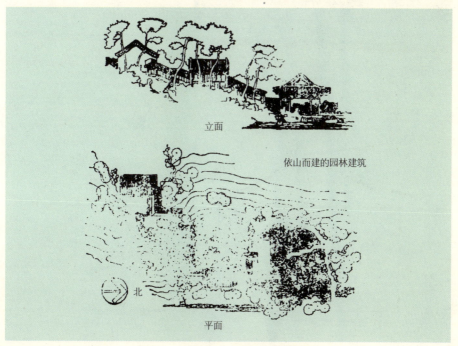

图 4-6 借助于地形建造的园林建筑

143

3. 地形和视线

凸地形与凹地形。凸地形视线开阔，具有延伸性，空间呈发散状，既是观景之地，又是造景之地；凹地形视线较封闭，空间呈聚集性，低凹处能聚集视线，可布景，坡面可观景也可设景（图4-8～图4-11）。

① 地形的挡与引；
② 地形高差和视线；
③ 利用地形分隔空间；
④ 地形的背景作用。

图4-7 借助于地形建造的水景

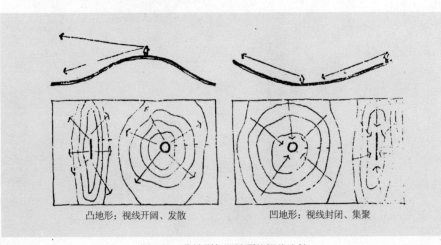

凸地形：视线开阔、发散　　凹地形：视线封闭、集聚

图4-8 凸地形与凹地形的视线比较

第四章　园林绿化施工及实例

图 4-9　颐和园中的佛香阁

图 4-10　低凹处景物对视线的吸引

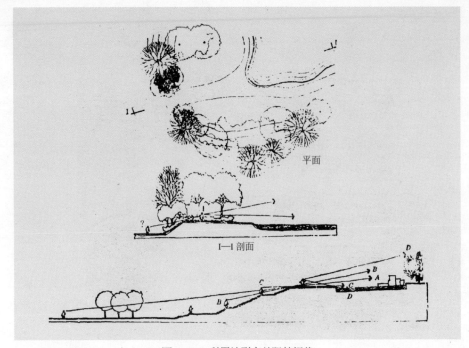

图 4-11 利用地形高差阻挡视线

4. 地形造景

地形在造景中起决定性作用；除本身的骨架作用外，地形本身被作为一种设计造型要素（图 4-12、图 4-13）。

图 4-12 野口勇的加州情景雕塑园中的地形造景

图4-13　詹克斯夫妇的私家花园——波动的景观

5. 土方施工

园林用地设计地形的实现必然要依靠土方施工来完成。

任何建筑物、构筑物、道路及广场等工程的修建，都要在地面做一定的基础，挖掘基坑、路槽等，这些工程都是从土方施工开始的。在园林中地形的利用、改造或创造，如挖湖堆山、平整场地都要依靠动土方来完成。一般来说土方工程在园林建设中是一项大工程，而且在建园中它又是先行的项目。其进展速度和实施的质量，直接影响着后继工程，所以它和整个建设工程的进度关系密切。由此可见，土方工程在城市建设和园林建设工程中都占有重要地位。为了使工程能多快好省地完成，必须做好土方工程的设计和施工放样及实际土方作业。

6. 施工放样

园林工程在实际施工过程中，绿化种植及土方施工放样的重要性常被忽视。要做好绿化种植和土方施工放样，首先要理解放样的重要性。

（1）施工放样的重要性

园林工程的内容通过施工来表达，施工的技巧很大程度上受放样的制约，可以说放样是整个工程中的重中之重。放样要把作品的意境融入实体，如果只是单纯地照搬照抄，那么就体现不出设计师追求的意念，作品只有形而没有神。所以做一个施工放样人员，首先要理解、渗透进作品的内在，然后才能表达作品的意图。

（2）放样的内容

绿化种植工程的放样按对象不同，可分为土方放样和种植放样。

土方放样：包括平整场地的放线和自然地形的放线。平整场地的放线，即是施工范围的确定。地形的放线是室外环境中一个重要的因素，是整个景观环境的骨架，它直接影响着外部空间的美学特征、空间感、视野、小气候等，是其他要素的基底和依托。在园林中，常常通过地形的变化起伏来突出植物景观的变化。放样的具体手法常用方格网法。

种植放样：绿化种植是绿化工程的主体，植物景观是设计师作品中的主要构成元素。放样依栽植方式的不同，可采用自然式、整体式、等距弧线等方法达到目的。在三者之中，自然式放样最不易掌握。绿化施工不同于建筑施工，有时一棵乔灌木的位置没有明确的界限，只能根据其体量、色彩和外部环境的协调性做出最佳的选择。

（3）土方放样的常见问题

台阶式、坟堆式地形：由于对等高线领会不透，常常在放样过程中造成地形辐射不够，形成台阶式、坟堆式地形，缺乏流畅感，严重的则造成排水不畅。因此在放样过程中一定要注意地形外缘过渡部分的自然。

地形和绿化种植脱离：地形和绿化种植应该是相辅相成的，造成这种情况的原因有时是设计图的改变，或者由于某些原因需要临时增减一些苗木或基础设施，这时如何最大限度地保留原作品中的面貌，施工人员的放样就显得特别重要。笔者曾经历过一个绿化项目，原绿化施工图中靠围墙布置了3~5排宽度不等的水杉作背景，后来由于某些原因，水杉被取消而改成一排珊瑚绿篱，这样原来占地至少4m的空间现在改成了50cm左右。如果地形一成不变，那么原来种在高坡上的主景树木只能种在山坡背面了，就违背了设计的原有意图。这时，只能将地形适当向围墙靠近，主景树木位置稍向后移，使之仍然处于最高点，既避免了空档的形成，又保证了原有的布景要求。

草皮地块与乔灌木地块地形差异不当：在花坛、花境的施工中，乔灌木地块的地形应当比草皮地块地形稍高。因为草皮有一定的厚度，在铺了草皮以后，在高差上乔灌木和草皮就有机结合起来了；反之，视觉上容易造成一高一低的假象，也影响了乔灌木的排水。

（4）种植放样中的常见问题

种植地块走样：造成这种情况的主要原因是施工图理解不够。特别是在一些自然式种植时，常常做成"排大蒜式"、"列兵式"，给种植效果打了很大的折扣。

对于一些景点及景观带的放样，应根据树形及造景需要，确定每棵树的具体位置。

苗木数量配置不当：这主要是受了施工图的约束。有时临时改变了苗木的规格，或者立地体量发生了变化，应该现场及时调整，而不能单纯堆砌，做成苗圃式、森林式地块。

在一些模纹花坛中，缺少灵活性、机动性，尤其是在组合花坛中，缺乏整体感受，如在一个以色块为主的道路花坛施工项目中，单个花坛长21m，图案长度10m，此时若按图施工，则出现一个1m的空档，再放一个图案不协调，不放又造成整个花坛缺乏连续性。这时，放样就可对每个图案加长50cm，既保持了单个花坛的整体性，又保证了整组花坛的连续性。

三、树木栽植施工

绿化是园林建设的主要组成部分。没有绿的环境，不可能成为园林。按照建设施工程序，先理山水，改造地形，辟筑道路，铺装场地，营造建筑，构筑工程设施，而后实施绿化。绿化工程就是：按照设计要求，植树、栽花、铺草，并使其成活，尽早发挥效果。

（一）园林种植

种植，就是人为地栽种植物。

生物是自然界能量转化和物质循环的必要环节。植物的活动及其产物，同人类经济文化生活关系密切，衣、食、住、行、医药和工业原料以及改造自然如防沙造林、水土保持、城镇绿化、环境保护等，都离不开植物。

人类种植植物的目的，除了依靠植物的栽培成长，取得收获物以外，另一个目的就是植物的存在对于人类的影响。前者为农业、林业的目的，后者为风景园林、环境保护的目的。

园林种植是利用植物形成环境和保护环境，构成人类的生活空间。这个空间，小则从日常居住场所开始；大则风景区、自然保护区乃至全部国土范围。

（二）园林种植的特点

园林种植是利用有生命的植物材料来构成空间，这些材料本身就具有"生物的生命现象"的特点，包括生长及其他功能。目前，生命现象还没有充分研究解释清楚，还不能充分地进行人工控制，因此，园林种植有其困难的一面。

植物材料在均一性、不变性、加工性等方面不如人工材料。相反地，由于它有萌芽、开花、结果、叶色变化、落叶等季节性变化，及生长发育而引起的年复一年的变化，以及其形态、色彩、种类的多样性特征，又是人工材料所不及的。充分了解植物材料生长发育变化规律，以达到一定程度的人为控制，是可能的。例如，树木的生长度，依树种不同而不同。即使是同一种树，也要看树龄、当地条件、人为的情况如何，不能一概而论。但是，了解树木的固有生长度在栽植时是十分必要的。树木全年的生长度：春芽的生长在5~6月份左右结束，夏芽在5~6月份以后才生长。树木的地表上和地下部（根部）的生长期，多少有些不同。以上规律对种植期的确定以及在种植中应采取的技术措施均提供了理论依据。

（三）栽植对环境的要求

1. 对温度的要求

植物的自然分布和气温有密切的关系，不同的地区，就应选用能适应该区域条件的树种。实践证明：当日平均温度等于或略低于树木生物学最低温度时，栽植成活率高。

2. 对光的要求

植物的同化作用，是光反应，所以除二氧化碳和水以外，还需要波长490~760nm的绿色和红色光（表4-3）。

光的波长对植物的影响　　　　表4-3

光线	波长（nm）	对植物的作用
紫外线	400以下	对许多合成过程都有重要作用，过度则有害
紫—蓝色光	400~490	有折光性，光在形态形成上起作用
绿—红色光	490~760	光合作用
红外线	760以上	一般起温度的作用

一般光合作用的速度，随着光的强度的增加而加强。弱光时，光合作用吸收的二氧化碳和其呼吸作用放出的二氧化碳是同一数值时，这个数值称作光饱和点。

植物的种类不同,光饱和点也不同。光饱和点低的植物耐阴,在光线较弱的地方也可以生长。反之,光饱和点高的植物喜阳,在光线强的情况下,光合作用强,反之,光合作用减弱,甚至不能生育。由此可知,在阴天或遮光的条件下,对提高种植成活率有利。

3. 对土壤的要求

土壤是树木生长的基础,它是通过其中水分、肥分、空气、温度等来影响植物生长的。适宜植物生长的最佳土壤是:矿物质45%,有机质5%,空气20%,水30%(以上按体积比)。矿物质是由大小不同的土壤颗粒组成的。种植树木和草类的土质类型最佳重量百分比如表4-4所示。

树木和草类的土质类型   表4-4

种别	黏土	黏砂土	砂
树木	15%	15%	70%
草类	10%	10%	80%

土壤中的土粒并非一一单独存在着,而是集合在一起,成为块状,最好是构成团粒结构。适宜植物生长的团粒直径大小为1~5mm,小于0.01mm的孔隙,根毛不能侵入。

土壤水分和土壤的物理组成有密切的关系,对植物生长有很大影响,它是植物从根毛吸收土壤盐分的溶剂,是叶内发生光合作用时水分的源泉,同时还能从地表蒸发水分,调节地温。

根据土粒和水分的结合力,土壤中的水分可分为吸附水、毛细水、重力水3种,其中,毛细水可供植物利用。当土壤不能提供根系所需的水分时,植物就产生枯萎,达到永久枯萎点植物便死亡。因此,在初期枯萎以前,必须开始浇水。在永久枯萎点时,不同土质的含水量如表4-5所示。掌握土壤含水率,即可及时浇水。

永久枯萎点的含水量(%)   表4-5

土质	含水量	土质	含水量
砂土	0.88～1.11	黏土	9.9～12.4
壤土	2.7～3.6	重黏土	13.0～16.6
砂黏土	5.6～6.9		

地下水位的高低，对深层土壤的湿度影响很大，种植草类必须在-60cm以下，最理想在-100cm，树木则再深些更好。在水分多的湿地里，则要设置排水设施，使地下水降到所要求值。

植物在生长过程中所必须的元素有16种之多，其中碳、氧、氢来自二氧化碳和水，其余都是从土壤中吸收的。一般来说，养分的需要程度和光线的需要程度是相反的。当阳光充足时，光合作用可以充分进行，养分较少也无妨碍；养分充足、阳光接近最小限度时，也可维持光合作用。

土壤养分充足对于种植的成活率、种植后植物的生长发育有很大影响。

(四) 树木栽植的主要工序

1. 种植前准备

（1）明确设计意图及施工任务量

在接受施工任务后应通过工程主管部门及设计单位明确以下问题：

①工程范围及任务量；

②工程的施工期限；

③工程投资及设计概（预）算；

④设计意图；

⑤了解施工地段的地上、地下情况；

⑥定点放线的依据；

⑦工程材料来源；

⑧运输情况。

（2）编制施工组织计划

（3）施工现场准备

2. 定点放线

定点放线即是在现场确定苗木栽植的确切位置和株行距。由于树木栽植方式各不相同，定点放线的方法也有很多种：

（1）绿地的定点放线方法：

①徒手定点放线：放线时应选取图纸上已标明的固定物体（建筑或原有植物）作参照物，并在图纸和实地上量出它们与将要栽植植物之间的距离，然后用白灰或标桩在场地上加以标明，依此方法逐步确定植物栽植的具体位置，此法误差较大，

只能在要求不高的绿地施工采用。

② 方格网放线法：适用范围大而地势平坦的绿地。先在图纸上以一定比例画出方格网，把方格网按比例测设到施工现场去（多用经纬仪），再在每个方格内按照图纸上的相应位置进行绳尺法定点。

③ 标杆放线法：标杆放线法是利用三点成一直线的原理进行的，多在测定地形较规则的栽植点时应用。

不论何种放线法都应力求准确，其与图纸比例的误差不得大于以下规定：

1∶200 者不得大于 0.2m。

1∶500 者不得大于 0.5m。

1∶1000 者不得大于 1m。

（2）树丛花丛放线：

① 丛植苗木的树丛范围线应按图示比例放出。

② 丛植范围内的植物应将较大的放于中间或后面，较小的放在前面或四周。

③ 自然式栽植的苗木，放线要保持自然，不得等距离或排列成直线。

（3）行道树放线：

① 行道树放线有道牙石的以道牙石边线为标准，无路牙石的以道路中心线为标准。用尺定出行位，大约每 10 株定一木桩，作为行位控制标记，然后用白灰标出单株位置。

② 行道树和各种构筑物地上杆线、地下管道间横向距离要符合本规定的要求。

③ 规则式栽植的苗木必须排列整齐，行道树因门面或障碍物影响时，株距可以在 1m 范围内调整。

（4）定点放线后应立即复查标定的树种、数量，并做好记载，挖穴时如发现定点标记模糊不清时须重新放线标定。

3. 挖穴

（1）严格按定点放线标定的位置、规格挖掘树穴。

（2）树穴的规格应按移栽树木的规格、栽植方法、栽植地段的土壤条件来确定，裸根栽植的树苗，树穴直径应比裸根根幅放大 1/2，树穴的深度为穴坑直径的 3/4。带土球栽植的树苗，树穴直径应比土球直径大 40~50cm，树穴的深度为穴坑直径的 3/4。土壤黏重板结地段，树穴尺寸按规定再增加 20%。

土壤疏松地段，树穴尺寸按规定的规格缩小 10%。

（3）挖掘树穴时，以定点标记为圆心，按规定的尺寸先划一圆圈，然后沿边线垂直向下挖掘，穴底平，切忌挖成锅底形。树穴达到规定深度后，还需再向下翻松约20cm深，为根系生长创造条件。

（4）为利于土壤风化，应尽可能提前挖掘树穴，有条件的可于当年入冬前挖掘，翌年春季再栽植。

（5）施工地段如挖方或遇土壤特别黏重坚硬时，穴与穴之间应挖沟互相连通（抽槽或就近挖盲沟以利排水），在填（虚）方地段上挖掘树穴时应考虑到土壤下沉深度。

（6）挖掘树穴时，应将表土放置一侧以作栽植时的备用，而挖掘出来的建筑垃圾、废土杂物放置另一侧集中运出施工现场，并回填适量的种植土。

（7）在土壤瘠薄或透气性差的地段植树时，应先进行土壤改良再进行栽植。

（8）在斜坡上栽树要挖成鱼鳞坑，或将斜坡修成水平梯田，然后视苗木规格、土壤条件挖掘树穴。

（9）挖掘树穴遇到各种地下管道、构筑物时，应立即停止操作，申报有关部门妥善解决。

4. 选苗

（1）按设计要求和质量标准到苗木产地逐一进行"号苗"，并做好选苗资料的记载，包括时间、苗圃（场）、地块、树种、数量、规格等内容。

（2）选苗时要考虑起苗场地土质情况及运输装卸条件，以便妥善组织运输。

（3）选苗时要用醒目的材料做上标记，标记的高度、方向要一致，便于挖苗。

（4）选苗数量要准确，每百株可加选1~2株以备用。

（5）作行道树种植的苗木分枝点应不低于2.5m。

5. 挖苗

（1）苗木挖掘由苗圃负责实施，施工单位可根据树种特性（栽移成活率低的，根系长而稀少）、苗木规格、土壤类型、移植季节及施工的特殊性（大树移植需要断根处理的）等因素，应向苗圃提出挖掘苗木的根盘大小和土球规格、质量等方面的要求。一般乔木土球直径按胸径的8倍或按地径的7倍计算。灌木或亚乔木（如丛生状的桂花等）按其蓬径的1/3计算土球直径，土球高度为土球直径的2/3，土球留底规格为土球直径的1/3。胸径指离地1.2 m处的树干直径，地径指离地0.3m处的树干直径。

（2）挖苗如遇到土壤干燥时，应要求苗圃（场）在挖苗前 2d 灌一次水，增加土壤黏着力。土壤过湿时应提前挖沟排水，以利挖苗和减少根系的损伤。

（3）为便于苗木的挖掘和运输，宜在苗圃（场）内对部分大规格乔木（意杨、法桐、樟树等）按设计要求进行适当疏枝或短截主干，对蓬散的常绿树树冠进行适当的包扎。

（4）挖掘裸根苗时，应从根盘规格的外侧环状开沟，铲去表土，然后沿沟壁直挖至规定的深度，待主要侧根全部切断后从一侧向内深挖，但是主根未切断前不得猛力拉摇树干，以免损伤根系。切断主根后用锹挖空土球泥土，注意勿损伤须根，随根土要保留。

（5）挖裸根苗如遇到较粗大根系时，宜用手锯锯断，保持切口平整，切断主根宜用利铲，防止造成主根劈裂。

（6）带土球苗木的挖掘：

① 挖掘常绿树、名贵树和观赏花灌木时均要带土球。

② 掘苗前先剪除主干基部无用枝，并采用护干、护冠措施，再铲去表层土壤，以不伤表层根为度（一般 3cm）。在保证土球规格的原则下将土球表体整光滑，呈上大下小倒卵圆形。

③ 包装材料要结实，草质包装物必须事先用水浸湿，土球包扎要紧密，土球底部要封严而不能漏土。

④ 挖苗和土球包装时，应注意防止苗木摇摆和机械损伤，确保土球完整。

⑤ 土球包装方法：在我国南方，一般土质较黏重，故在包装土球时，一般直接用草绳包装，常用的有橘子包、井字包、五角包。

6. 苗木假植

已挖掘的苗木因故不能及时栽植下去，应将苗木进行临时假植，以保持根部不脱水，但假植时间不应过长。

（1）假植场地应选择靠近种植地点、排水良好、湿度适宜、避风、向阳、无霜害、近水源、搬运方便的地方。

（2）裸根苗木假植采取掘沟埋根法：

挖掘宽 1~1.5m，深 0.4m 的假植沟，将苗根朝北排放整齐，一层苗木一层土将根部埋严实，短时间假植（1~2d）可用草席覆盖。遮荫、洒水保温。

（3）带土球假植可将苗木直立，集中放在一起。若假植时间较长，应在四周培土至土球高度的 1/3 左右夯实，苗木周围用绳子系牢或立支柱。

（4）假植期间要加强养护管理，防止人为破坏。应适量浇水保持土壤湿润，但水量不宜过大，以免土球松软，晴天还应对常绿树冠枝叶喷水，注意防治病虫害。

（5）苗木休眠期移植，若遇气温低、湿度大、无风的天气，或苗木土球较大在 1~2d 内进行栽植时可不必假植，仅用草帘覆盖即可。

7. 苗木运输

（1）树木挖好后应在最短的时间内运到现场，坚持做到随挖、随运、随种，装苗前要核对树种、规格、质量和数量，凡不符合要求的应予以更换。

（2）装卸、托运苗木时应重点保护好苗根，使根处在湿润条件下。长途运输裸根苗时采用根部垫湿草、沾泥浆，再行包装，在苗木全部装车后还要用绳索绑扎固定，避免摇晃，并用草席等覆盖遮光、挡风，避免风干或霉烂，尽量减少苗木的机械损伤。

（3）装运高大苗木要水平或倾斜放置，苗根应朝向车前方，带土球的苗木其土球小于 30cm 时可摆放两层，土球较大时应将土球垫稳，一棵一棵排列紧实。装运灌木苗和高度在 1.5m 以下带土球苗时可以直立装车，但土球上不得站人或放置重物。

（4）苗木装运时。凡是与运输工具、绑缚物相接触的部位均要用草衬垫，避免损伤苗木。

（5）苗木装卸时做到轻拿轻放，并按顺序搬移，不得随意抽拽，裸根苗木也不准整车推卸。

（6）带土球苗木在装卸时不准提拉枝干，土球较小时，应抱住土球装卸；若土球过大时，要用麻绳、夹板做好牵引，在板桥上轻轻滑移或采用吊车装卸，勿使土球摔碎。

（7）苗木装卸时，技术负责人要到现场指挥，防止机械吊装碰断杆线等事故发生，同时还要注意人身安全。

（五）树木栽植的原则

园林树木栽植的原理，就是要遵循树体生长发育的规律，提供相应的栽植条件和管护措施，促进根系的再生和生理代谢功能的恢复，协调树体地上部和地下部的生长发育矛盾，表现出根旺树壮、枝繁叶茂、花果丰硕的苗壮生机，圆满达到园林绿化设计所要求的生态指标和景观效果。具体栽植应按以下三条原则进行。

1. 适树适栽

我国地域辽阔，物种丰富，可供园林绿化选用的树种繁多。近期来，随着我国经济建设的持续高速发展，人们对生态环境的关注日益加强，园林绿化的要求和标准也不断提高，南树北移和北树南引日渐普遍，国外的新优园林树木也越来越受到国人的青睐。因此，适树适栽的原则，在园林树木的栽植应用中也愈显重要。

首先，必须了解规划设计树种的生态习性以及对栽植地区生态环境的适应能力，要有相关成功的驯化引种试验和成熟的栽培养护技术，方能保证效果。特别是花灌木新品种的选择应用，要比观叶、观形的园林树种更加慎重，因为此类树种的适应性表现除了树体成活以外，还有花果观赏性状的完美表达。因此，贯彻适树适栽原则的最简便做法，就是选用性状优良的乡土树种，作为景观树种中的基调骨干树种，特别是在生态林的规划设计中，更应实行以乡土树种为主的原则，以求营造生态群落效应。

其次，可充分利用栽植地的局部特殊小气候条件，突破原有生态环境条件的局限性，满足新引入树种的生长发育要求。例如可筑山、理水，设立外围屏障；改土施肥，变更土壤质地；束草防寒，增强越冬能力。在城市园林树木栽植中，更可利用建筑物防风御寒，小庭院围合聚温，以减少冬季低温的侵害，延伸南树北移的疆界。

还有，地下水位的控制在适地适树的栽植原则中，具有重要的地位。地下水位过高是影响园林树木栽植成活率的主要因素。现有园林树木种类中，耐湿的树种比较匮乏，一般园林树木的栽植，对立地条件的要求为：土质疏松、通气透水，特别是雪松、广玉兰、桃树、樱花等对根际积水极为敏感，栽植时可采用地形改造、抬高地面或深沟降渍的措施，并做好防涝排洪的基础工作，有利树体成活和正常生长发育。

适树适栽中还有一个重要内容，就是慎重掌握树种光照的适应性。园林树木栽植不同于一般小苗造林，大多以乔木、灌木、地被相结合的群落种植模式，来表现景观效果。因此，多树种群体配植时，对树木的耐阴性和喜阳习性的合理配置安排显得至关重要。

2. 适时适栽

园林树木的适宜栽植时间，应根据各种树木的不同生长特性和栽植地区的气候条件而定。一般落叶树种多在秋季落叶后或在春季萌芽开始前进行，此期树体处于休眠状态，生理代谢活动滞缓，水分蒸腾较少且体内贮藏营养丰富，受伤根系易于恢复，移植成活率高。常绿树种栽植，在南方冬暖地区多行秋植，或于新梢停止生长期进行，冬季严寒地区，易因秋季干旱造成"抽条"而不能顺利越冬，故以新梢萌发前春植为宜；春旱严重地区可行雨季栽植。随着社会的进步和人类文明的发展，人们对环境生态建设的要求愈加迫切，园林树木的栽植也突破了时间的限制，"反季节"、"全天候"栽植已不再少见，关键在于如何遵循树木栽植的原理，采取妥善、恰当的保护措施，以消除不利因素的影响，提高栽植成活率。

从植物生理活动规律来讲，春季是树体结束休眠开始生长的时期，且多数地区土壤水分较充足，是我国大部分地区的主要植树季节，也是我国植树节定为"3月12日"的原因之一。树木根系的生理复苏，在早春即率先开始活动，因此春植符合树小先长根、后发枝叶的物候顺序，有利于水分代谢的平衡。特别是在冬季严寒地区或对那些在当地不甚耐寒的边缘树种，更以春植为妥，并可免去越冬防寒之劳。秋旱风大地区，常绿树种也宜春植，但在时间上可稍推迟。具肉质根的树种，如山茱萸、木兰属、鹅掌楸等，根系易遭低温伤冻，也以春植为好。春季各项工作繁忙，劳动力紧张，要预先根据树种春季萌芽习性和不同栽植地域土壤化冻时期，利用冬闲做好计划安排。树种萌芽习性以落叶松、银芽柳等最早，杨属、垂柳、桃、梅等次之，榆、槐、栎、枣等最迟。土壤化冻时期与气候因素、立地条件和土壤质地有关。落叶树种春植宜早，土壤一化冻即可开始。

华北地区园林树木的春季栽植，多在3月上中旬至4月中下旬。华东地区落叶树种的春季栽植，以2月中旬至3月下旬为佳。

在气候比较温暖的地区，以秋季移植更较相宜。此期，树体落叶后，对水分的需求量减少，而外界的气温还未显著下降，地温也比较高，树木的地下部分尚未完全休眠，移植时被切断的根系能够尽早愈合，并可有新根长出。翌春，这批新根即能迅速生长，有效增进水分吸收功能，有利于树体地上部的生长恢复。

华北地区秋植，适于耐寒、耐旱的树种，目前多用大规格苗木进行栽植，以增强树体越冬能力。华东地区秋植，可延至11月上旬至12月中下旬。早春开花的树种，应在11~12月种植。常绿阔叶树和竹类植物，应提早至9~10月进行。针叶树虽春、秋都可以栽植，但以秋季为好。东北和西北北部严寒地区，秋植宜在树木落叶后至土地封冻前进行；另外该地区尚有冬季带冻土球移植大树的做法。

受印度洋干湿季风影响，有明显旱、雨季之分的西南地区，以雨季（夏季）栽植为好。雨季如果处在高温月份，由于阴晴相间，短期高温、强光也易使新植树木水分代谢失调，故要掌握当地雨季的降雨规律和当年降雨情况，抓住连阴雨的有利时期进行。江南地区，亦有利用"梅雨"期进行夏季栽植的经验。

3. 适法适栽

园林树木的栽植方法，依据树种的生长特性、树体的生长发育状态、树木栽植时期以及栽植地点的环境条件等，可分别采用裸根栽植和带土球栽植。

裸根栽植多用于常绿树小苗及大多落叶树种。裸根栽植的关键在于保护好根系的完整性，骨干根不可太长，侧根、须根尽量多带。从掘苗到栽植期间，务必保持根部湿润，防止根系失水干枯。根系打浆是常用的保护方式之一，可提高移栽成活率20%。浆水配比为：过磷酸钙1kg+细黄土75kg+水40kg，搅成糨糊状。为提高移栽成活率，运输过程中，可采用湿草覆盖的措施，以防根系风干。

带土球移植常绿树种及某些裸根栽植难于成活的落叶树种，如板栗、长山核桃、七叶树、玉兰等，多行带土球移植；大树栽植和生长季栽植，亦要求带土球进行，以提高成活率。

如运距较近，可简化土球的包装手续，只要土球标准、大小适度，在搬运过程中不致散裂即可。如黄杨类须根多而密的灌木树种，在土球较小时不包装也不易散。对直径在30cm以下的小土球，可采用束草或塑料布简易包扎，栽植时拆除即可。如土球较大，使用蒲包包装时，只需稀疏捆扎蒲包，栽植时剪断草绳撤出蒲包物料，以使土壤接通，便于新根萌发、吸收水分和营养。如用草绳密缚，土球落穴后，需剪断绳缚，以利根系恢复。

（六）树木栽植的要领

园林绿化工程中，能否掌握树木栽植的要领，是影响树木栽植成活率的关键，栽植要领主要有以下几个方面：

树木栽植前，树冠必须经过不同程度的修剪，以减少树体水分的散发，保持

159

树势平衡以利苗木成活，修剪量依不同树种及景观要求有所不同。

对于较大的落叶乔木，尤其是生长势较强、容易抽出新枝的树木，如杨、柳、槐等，可进行强修剪，树冠可减少至 1/2 以上，这样既可减轻根系负担，维持树体的水分平衡，也可减弱树冠招风、体摇，增强苗木栽植后的稳定性。具有明显主干的高大落叶乔木，应保持原有树形，适当疏枝，使保留的主侧枝应在健壮芽前面短截，可剪去枝条的1/5~1/3。无明显主干、枝条茂密的落叶乔木，干径 10cm 以上者，可疏枝保持原树形；干径为 5~10cm 的，可选留主干上的几个侧枝，保持原有树形进行短截。枝条茂密呈圆头形树冠的常绿乔木可适量疏枝。枝叶集生树干顶部的苗木，可不修剪。具轮生侧枝的常绿乔木，用作行道树时，可剪除基部 2~3 层轮生侧枝。常绿针叶树，不宜多修剪，只剪除病虫枝、枯死枝、生长衰弱枝、过密的轮生枝和下垂枝。用作行道树的乔木，定干高度宜大于 3m，第一分枝点以下枝条应全部剪除，其上枝条酌情疏剪或短截，并应保持树冠原形。珍贵树种的树冠，宜尽量保留少剪。

花灌木及藤蔓树种的修剪，应符合下列规定：带土球或湿润地区带宿土裸根苗木及上年花芽分化的开花灌木，不宜修剪，当有枯枝、病虫枝时则应剪除。枝条茂密的大灌木，可适量疏枝。对嫁接灌木，应将接口以下砧木上萌生的枝条剪除。分枝明显、新枝着生花芽的小灌木，应顺其树势适当强剪，促生新枝，更新老枝。用作绿篱的灌木，可在种植后按设计要求整形修剪。在苗圃内已培育成形的绿篱，种植后应加以整修。攀缘类和藤蔓性苗木，可剪除过长部分。攀缘上架苗木，可剪除交错枝、横向生长枝。

落叶乔木在非种植季节种植时，应根据不同情况分别采取以下技术措施：苗木必须提前疏枝、环状断根或在适宜季节起苗并用容器假植等处理。苗木应进行强修剪，剪除部分过密的分枝，保留的侧枝也应短截，仅保留原树冠的三分之一，修剪时剪口应平滑，并及时涂抹防腐剂，以防水分蒸发、剪口冻伤及病虫危害。同时必须加大泥球体积，可摘叶的应部分摘叶，但不得伤害幼芽。

裸根树木栽植之前，还应对根系进行适当修剪，必要时将断根、劈裂根、病虫根和卷曲的过长根剪去。树木栽植时，要检查树穴的挖掘质量，并根据树体的实际情况，作必要的修整。树穴深浅的标准可以定植后树体根颈部略高于地表面为宜，切忌因栽植太深而导致根颈部埋入土中，影响栽植成活和树体的正常生长发育。忌水湿树种如雪松、广玉兰等，常行露球种植，露球高度约为土球竖径的

1/4。带土球的树木，用草绳或稻草之类易腐烂的土球包扎材料，如果用量较稀少，入穴后就不一定要拆除；如果包扎材料用量较多，可在树木定位后剪除一部分，以免其腐烂发热时，影响树木根系生长。

  栽植时将混好肥料的表土，取其一半填入坑中，培成丘状。裸根树木放入坑内时务必使根系均匀分布在坑底的土丘上，校正位置，使根颈部高于地面5~10cm左右，珍贵树木或根系欠完整树木应采取根系喷布生根激素等措施。然后将另外一半掺肥表土分层填入坑内，每填一层土都要踏实，并同时将树体稍稍上下提动，使根系与土壤密切接触。最后将心土填入植穴，直至填土略高于地表面。带土球树木必须踏实穴底土层，而后置入种植穴，填土踏实。假山或岩缝间种植，应在种植土中掺入苔藓、泥炭等保湿透气材料。绿篱或块状模纹群植时，应由中心向外循序退植。坡式种植时应由上向下种植。大型块植或不同彩色丛植时，宜分区分块种植。树木栽植时，应注意将树冠丰满完好的一面，朝向主要的观赏方向，如入口处或人行道。若树冠高低不匀，应将低冠面朝向主面，高冠面置于后向，使之有层次感。在行道树等规则式种植时，如树木高矮参差不齐、冠径大小不一，应预先排列种植顺序，形成一定的韵律或节奏，以提高观赏效果。如树木主干弯曲，应将弯曲面与行列方向一致，以作掩饰。对人员集散较多的广场、人行道，树木种植后，种植池应铺设透气护栅。

  灌水是提高树木栽植成活率的主要措施，特别在春旱少雨、蒸发量大的北方地区尤需注意。俗话说："树木成活在于水，生长快慢在于肥"，就是这个道理。树木栽植后应在略大于种植穴直径的周围，筑成高10~15cm的灌水土堰，堰应筑实不得漏水。坡地可采用鱼鳞穴式种植。新植树木应在当日浇透第一遍水，以后应根据当地情况及时补水。北方地区种植后浇水不少于三遍。黏性土壤，宜适量浇水，根系不发达树种，浇水量宜较多；肉质根系树种，浇水量宜少。秋季种植的树木，浇足水后可封穴越冬。干旱地区或遇干旱天气时，应增加浇水次数。干热风季节，应对新发芽放叶的树冠喷雾，宜在上午10时前和下午3时后进行。浇水时应防止因水流过急冲裸根系或冲毁围堰，造成失水。浇水后出现土壤沉陷，致使树木倾斜时，应及时扶正、培土。浇水渗下后，应及时用围堰土封树穴，注意不得损伤根系。 在干旱地区或干旱季节栽植树木，对裸根树应采取根部喷布生根激素、增加浇水次数及施用保水剂等措施。针叶树可在树冠喷布聚乙烯树脂等抗蒸腾剂。对排水不良的种植穴应于穴底铺10~15cm沙砾或铺设渗水管、盲沟，以利排水。竹类定植，填土分层压实时，靠近鞭芽处应轻压。栽种时不能摇动竹秆，以免竹蒂受伤脱落。栽植穴应用土填满，以防积水引起竹鞭腐烂。最后覆一层细土或铺草以减少水分蒸发。母竹断梢口用薄膜包裹，防止积水腐烂。

树体裹干：常绿乔木和干径较大的落叶乔木，栽植后需进行裹干，即用草绳、蒲包、苔藓等材料严密包裹主干和比较粗壮的分枝。上述包扎物具有一定的保湿性和保温性，经裹干处理后，一可避免强光直射和干风吹袭，减少树干、树枝的水分蒸发；二可贮存一定量的水分，使枝干经常保持湿润；三可调节枝干温度，减少夏季高温和冬季低温对枝干的伤害。目前，有些地方采用塑料薄膜裹干，此法在树体休眠阶段使用，效果较好，但在树体萌芽前应及时撤换。因为，塑料薄膜透气性能差，不利于被包裹枝干的呼吸作用，尤其是高温季节，内部热量难以及时散发而引起的高温，会灼伤枝干、嫩芽或隐芽，对树体造成伤害。树干皮孔较大而蒸腾量显著的树种如樱花、鸡爪槭等，以及大多数常绿阔叶树种如香樟、广玉兰等，栽植后宜用草绳等包裹缠绕树干达1~2m高度，以提高栽植成活率。

固定支撑栽植树木后，因土壤松软沉降，树体极易发生倾斜倒伏现象，一经发现，需立即扶正。扶树时，可先将树体根部背斜一侧的土挖开，再将树体扶正，还土踏实。特别对带土球树体，切不可强推猛拉，来回晃动，以致土球松裂，影响树体成活。树木栽植后，因灌水根际土壤下沉出现坑洼不平现象时，应及时平整，以使根部受水受肥一致。新植区，在平整树盘的同时，应结合垄道园路的整理，使其整齐划一、美观清洁。

栽植胸径5cm以上树木时，特别是在栽植季节有大风的地区，植后应立支架固定，以防冠动根摇，影响根系恢复。但要注意支架不能打在土球或骨干根系上。裸根苗木栽植常采用标杆式支架，即在树干旁打一杆桩，用绳索将树干缚扎在杆桩上，缚扎位置宜在树高1/3或2/3处，支架与树干间应衬垫软物。带土球苗木常采用扁担式支架，即在树木两侧各打入一杆桩，杆桩上端用一横担缚连，将树干缚扎在横担上完成固定。三角桩或井字桩的固定作用最好，且有优良的装饰效果，在人流量较大的市区绿地中多用。

大规格树木移植初期或在高温干燥季节栽植，要搭制荫棚遮荫，以降低树冠温度，减少树体的水分蒸发。体量较大的乔、灌木树种，要求全冠遮荫，荫棚上方及四周与树冠保持50cm左右距离，以保证棚内有一定的空气流动空间，防止树冠日灼危害。遮荫度为70%左右,让树体接受一定的散射光,以保证树体光合作用的进行。成片栽植低矮灌木,可打地桩拉网遮荫,网高距苗木顶部20cm左右。视树木成活后,生长情况和季节变化,逐步去掉遮荫物。

园林树木栽种后,必须浇足水才能满足植物对水分的要求,使其枝条伸展,花朵盛开,发挥其观赏效果和绿化功能。

新栽植的苗木要浇一次保活水,加速土壤与根系的密接。5月、6月气温升高,植物生长日益旺盛。在北方一些地区容易出现早春干旱和风多雨少的现象,为了促进树木萌芽、开花、新梢生长和提高坐果率,必须及时满足树木对水分的需要。盐碱地区早春灌水后进行中耕还可以起到压碱的作用。7月、8月天气炎热干燥,是多数树木的新梢迅速生长期。北方各地地面蒸发量大,此时新种树木必须经常浇水。灌水量应达到灌饱灌足,切忌表土打湿而底土仍然干燥。一般已达花龄的乔木,大多应浇水渗透到80~100厘米深处。适宜的灌水量一般以达到土壤最大持水量的60%~80%为准。入冬前,北方地区严寒多风,应灌一次冻水,使树木免受冻害和枯梢。

全年的灌水次数应视实际情况具体分析,不同地区的灌水次数不同。一般全年应灌水8~9次,以确保生长季内的水分需求。干旱年份和土质不好的地区应增加灌水次数。

正确的灌水方式,可使水分均匀分布,节约用水,减少土壤冲刷,保持土壤的良好结构,并充分发挥水效。沟灌是于栽植行间开沟,引水灌溉,此法省工省力,但较为费水。盘灌是向树盘内灌水,此法适用于行道树,省水,成本低。喷灌是用管引水进行"人工降雨",适用于大面积绿地草坪。

浇水的水源以河水为好,用池水、溪水、井水、自来水都可以。在城市中要注意千万不能用工厂内排出的废水,因为这些废水常含有对植物有毒害的化学成分。灌水前要做到土壤疏松,土表不板结,以利水分渗透,待土表稍干后,应及时中耕松土或加盖细干土,减少水分蒸发。7月、8月,天气炎热,应在早、晚浇水。因中午温度高,一灌冷水,土温骤降,会造成根部吸水困难,引起生理干旱。

四、大树移植

随着城市建设的发展,城市街道、老城市的改造,人们对生态环境和生存质量的重视，各地都把绿化美化工作作为头等大事。许多城市的道路、广场绿地、公园、公共建筑和单位的庭园、住宅小区都移植了很多种类和规格相当大的树木，大树移植成为加速绿化、美化城市的一个重要途径。但是也应重视大树移植带来的某些负面影响，甚至有违科学发展观和建设节约型社会的根本原则。因此，大树移植既要讲究前述之适树、适时、适法这"三适"原则，更要讲究以"适需"为前提的原则。在城市绿化建设中不应一窝蜂地到处搞大树移植。

所谓大树，一般指胸径（从离地面1.3m处测量树干的直径）在12cm以上，需要动用吊车起苗栽植的大乔木，这些树木生长周期均在10年以上。在城市绿化中，大树的规格不断提高，多数大树的规格胸径在20~25cm之间，甚至在一部分庭园绿化和街头广场绿化中，使用胸径超过30cm的大树。从大树移植树木来源可分为人工培育大树移植木和天然生长大树移植木两类。人工培育的移植木是经过各种技术措施培育的树木，移植后的树木能够适应各种生态环境，成活率较高。天然生长的移植木大部分生长在大森林生态环境中，移植后不适应小气候生态环境，成活率较低。一般对这种天然生成的大树移植应该特别谨慎。当然从理论和实践经验来看，不论人工、天然生长的大树移植木，只要遵循自然生长规律进行移植，就可以收到较好的成活效果。

（一）影响大树移植成活的因素

大树移植较常规园林苗木成活困难的主要原因有以下几个方面：

（1）树年龄大，阶段发育老，细胞的再生能力较弱。挖掘和栽植过程中损伤的根系恢复缓慢。新根萌生能力差。

（2）由于幼、壮龄树的离心生长的原因，树木的根系扩展范围很大，一般超过树冠水平投影范围，且竖向分布相当深。大树的根系群中其有效的吸收根大多处于深层和树冠投影附近，而挖掘大树时土球所带的吸收根很少，且很多根系木栓化严重，根系的实际吸收功能明显下降。

（3）大树形体高大，枝叶的蒸腾面积大，为使其尽早发挥绿化效果和保持其原有优美姿态，又多不作强修剪，加之根系距树冠距离长，给水分的输送带来一定的困难，因此大树移植后难以尽快建立地上地下的水分平衡。

（4）树木大，土球重，起挖、搬运、栽植过程中易造成树皮受损、土球破裂、树枝折断，从而危及大树成活。

(二）大树移植基本原理

大树移植的基本原理包括近似生境原理和树势平衡原理。近似生境原理：移植后的生境优于原生生境，移植成功率较高。树木的生态环境是一个比较综合的整体，主要指光、气、热等小气候条件和土壤条件。如果把生长在高山上的大树移入平地，把生长在酸性土壤中的大树移入碱性土壤，其生态差异太大，移植成功率会很低。因此，定植地生境最好与原生地类似。移植前，需要对大树原生地和定植地的土壤条件进行测定，根据测定结果改善定植地的土壤条件，以提高大树移植的成活率。树势平衡原理：是指乔木的地上部分和地下部分须保持平衡。移植大树时，如对根系造成伤害，就必须根据其根系分布的情况，对地上部分进行修剪，使地上部分和地下部分的生长情况基本保持平衡。因为，供给根发育的营养物质来自于地上部分，对枝叶修剪过多不但会影响树木的景观，也会影响根系的生长发育。如果地上部分所留比例超过地下部分所留比例，可通过人工养护弥补这种不平衡性，如遮荫减少水分蒸发、叶面施肥、对树干进行包扎阻止树体水分散发等。

（三）大树移植技术措施

1. 移植木选择及移植时间

（1）移植木的选择。从植物生理学分析，无论人工、天然树木，每棵树木的生长都有方向性，在同一个立地条件下，阳坡的树冠大于阴坡；阳坡的侧根短于阴坡；阳坡的叶片大于阴坡；阳坡的结实多于阴坡。故移植前必须用油漆，在朝阳向方位的胸径部位划一个记号。大树移植木最好选择在交通便利、林分郁闭度小的立地条件或孤植。平地比斜坡地生长的移植木好。在移植木直径相同的条件下，树矮的比树高的移植木好。树种选择上树叶小的比树叶大的好，针叶树比阔叶树好，软阔叶树比硬阔叶树或地下水位偏高处的移植木其成活率高。

（2）移植时间。最好选择在树木休眠期，春季萌动前和秋季树木落叶后为最佳时间。在城市改建扩建工程中的大树移植，可以在生长旺季（夏季）移植，最好选择在连阴天或降雨前后移植。

2. 移植前的断根处理

大树移植前的断根，俗称"偷根"，是在移植前一定时间内对大树进行预先挖掘、断根，预留土球，回填原土养护待移的过程。断根处理须掌握以下几个环节：

（1）断根时间：常绿乔木的断根时间为移植前的20~25d；落叶乔木为移植前约30d，视树龄大小适当调整，树龄大断根时间长些，树龄小断根时间较短。断根时间会受到原地墒情、天气、季节等因素的影响，因此必须加强观察和总结，因时因地确定断根时间。

（2）修剪、整形：大树断根前，就要进行修剪和整形，剪去枯枝、弱枝，按栽植要求进行截干，确定高度和树冠直径，保持树形、树姿优美。截口较大处应用蜡封住，以防失水过多。

（3）挖掘断根、回填原土：首先要确定好开挖直径，一般落叶树种开挖直径以树干直径的3~5倍为宜。常绿树种开挖直径为树干直径的6~8倍为宜；其次要确定断根深度，断根深度一般为移植土球厚度的三分之二，断根时要修根，修根的原则要以不伤主根和利于包扎土球为宜，按土球要求规格，预留好土球。最后是进行原土回填，挖掘出的原土去除石块、树根等杂物后，将细土回填，填满即可。

（4）喷水保湿与防积水淹根：断根后的大树，要注意经常观测，如阳光强烈、温度高的天气要进行喷水保湿，雨季则要注意严防根部积水。

3.起掘、包扎、运输及栽植

（1）经过断根处理的大树，在根部出现断根愈伤组织、新根抽发前为最佳起掘时间。挖掘移植木一般距根部中心120cm左右，沿规定的根幅外圈垂直向下挖。挖掘过程中，遇粗根时用手锯锯断，以免根部劈裂，当侧根全部挖断后，将树身推倒并切断主根，尽量不伤根皮和须根，保留原土。最后用湿草袋和草绳包扎后待运输。起掘时要用绳索固定好树木，以防在起掘过程中发生猝倒而折断枝丫或土球散裂。起掘后，及时修根和包扎土球，保证土球不散裂。

（2）大树运输装卸作业质量的好坏是影响大树移栽成活的关键环节，因为在运输装卸过程中往往容易造成生理缺水、土球散落、树皮损伤等后果而功败垂成，因此，要尽量缩短运输装卸时间，对树木进行适量修剪、慢装轻放、支垫稳固、适时喷水等耐心细致的工作。

（3）大树在栽植前应根据树木的生长习性，定好栽植位置，改良好土壤（包括肥力、酸碱度）。一般树穴规格为土球的2~3倍。

（4）栽植时要保持树木直立、方位正确（移栽时按树木原来的生长方向入坑，如方向错位树木缓苗期延长7d左右，成活率低20%左右），土球直接放入种植穴内，拆除包装，分层填土夯实，大树栽植不宜过深，应与原栽植深度保持一致。回填土应用移植大树的原生境土与有机肥均匀混合。移植木要设立支撑，防止根部摇动透气影响成活。

4. 大树移栽后的养护管理

大树的再生能力较幼树明显减弱，移植后一段时间内树体生理功能大大降低，树体常常因供水不足、水分代谢失去平衡而枯萎，甚至死亡。因此，保持树体水分代谢平衡是移植大树养护管理、提高成活率的关键。为此，要具体做好以下几方面的工作：

（1）地上部分保湿

① 包干：用稻草绳、麻包、苔藓等材料严密包裹树干和比较粗壮的分枝。上述包扎物具有一定的保湿性和保温性，经包干处理后，一可避免强阳光直射和热风吹袭，减少树干、树枝的水分蒸发；二可贮存一定量的水分，使枝干经常保持湿润；三可调节枝干温度，减少高温和低温对枝干的伤害。

② 喷水：树体地上部分特别是叶面因蒸腾作用而易失水，必须及时喷水保湿。喷水要求细而均匀，喷及地上各个部位和周围空间，为树体提供湿润的小气候环境。可采用高压水枪喷雾，或将供水管安装在树冠上方，根据树冠大小安装一个或数个喷头进行喷雾，效果更好，但较费工费料。有人采取"吊盐水"的方法，即在树枝上挂上若干个装满清水的盐水瓶，运用吊盐水的原理，让瓶内的水慢慢滴在树体上，并定期加水，省工又节省材料，但喷水不够均匀，水量较难控制，一般用于去冠移植的树体，在抽枝发叶后，仍需喷水保湿。

③ 遮荫：大树移植初期或高湿干燥季节，要搭制荫棚遮荫，以降低棚内温度，减少树体的水分蒸发。在成行、成片种植，密度较大的区域，宜搭制大棚，省材又方便管理；孤植树宜按株搭制。要求全冠遮荫，荫棚上方及四周与树冠保持50cm左右距离，以保证棚内有一定的空气流动空间，防止树冠日灼危害；遮荫度为70%左右，让树体接受一定的散射光，以保证树体光合作用的进行。以后视树木生长情况和季节变化，逐步去掉遮荫网。

（2）促使新根萌发

① 控水：新移植的大树，其根系吸水功能减弱，对土壤水分需求量较小。因此，只要保持土壤适当湿润即可。土壤含水量过大，反而会影响土壤的透气性能，抑制根系的呼吸，对发根不利，严重的会导致烂根死亡。为此，一方面要严格控制浇水量，移植时第一次浇透水，以后视天气情况、土壤质地，检查分析，谨慎浇水，

同时要慎防对地上部分喷水过多而渗入根系区域；另一方面，要防止树穴内积水，种植时留下浇水穴，在第一次浇透水后即应填平或略高于周围地面，以防下雨或浇水时积水。同时，在地势低洼易积水处，要开排水沟，保证雨天及时排水，做到雨止水干。此外要保持适宜的地下水位高度（一般要求1.5m以下）。在地下水位较高时，要做到网沟排水；汛期水位上涨时，可在根系外围挖深井，用水泵将地下水排至场外，严防淹根。

② 保护新芽：新芽萌发，是新植大树进行生理活动的标志，是大树成活的希望。更重要的是，树体地上部分的萌发，对根系具有自然而有效的刺激作用，能促进根系的萌发。因此，在移植初期，特别是移植时进行重修剪的树体所萌发的芽要加以保护，让其抽枝发叶，待树体成活后再行修剪整形。同时，在树体萌芽后，要特别加强喷水、遮荫、防病防虫等养护工作，保证嫩芽、嫩梢的正常生长。

③ 土壤通气性：保持土壤良好的透气性能有利于根系萌发。为此，一方面要做好中耕松土工作，慎防土壤板结。另一方面，要经常检查土中通气设施（通气管或竹笼），发现堵塞或积水的，要及时清除，以经常保持良好的透气性能。

（3）其他防护措施

新移植大树，抗性减弱，易受自然灾害、病虫害、人为和禽畜危害，必须加强防范，具体要做好以下几项防护工作。

① 支撑固定：树大招风，大树种植后即应支撑固定，慎防倾倒。正三角桩最利于树体稳定，支撑点以树体高三分之二处为好，并加垫保护层，以防损伤树皮。

② 防病防虫：坚持以防为主，根据树种特性和病虫害发生发展规律，勤检查，一旦发生病情、虫害，要对症下药，及时防治。

③ 施肥：施肥有利于恢复生长势，大树移植初期，根系吸肥能力低，宜采用根外追肥，一般半个月左右一次。用尿素、硫酸铵、磷酸二氢钾等速效肥料制成浓度为0.5%~1%的肥液，选早晚或阴天进行叶面喷施，遇雨天应重喷一次。根系萌发后，可进行土壤施肥，要求薄肥勤施，以防肥害伤根。

④ 防冻：新移植大树易受低温危害，应做好防冻保温工作，特别是在热带、亚热带树种北移时。因此，一方面，在入秋后要控制氮肥，增施磷、钾肥，并逐步延长光照时间，提高光照强度，以提高树体及根系的木质化程度，提高自身的抗寒能力。另一方面，在入冬寒潮来临前，可采取覆土、地面覆盖、设立风障、

搭制塑料大棚等方法加以保护。新移植大树的养护方法、养护重点，因其环境条件、季节、气候、树体的实际情况和树种不同而有所差异，需在实践中进行不断的分析、研究和总结，因时、因地、因树灵活地加以运用，才能收到预期的理想效果。

（四）园林新产品的运用

1. 蒸腾抑制剂

一般施工中的大部分苗木都来自外省市，尽管要求即挖即运即种，且运输时控制车速，但实际上，即使是 36km/h 的车速，风速就已达 10m/s。苗木的枝叶、根系一路晃动，水分蒸发可想而知，种植后水分失衡，影响成活在所难免。使用蒸腾抑制剂稀释后喷洒，能有效地抑制植物长途运输过程和移植过程中的水分蒸发，保护树体平衡，从而提高成活率。此外，夏季新种的大规格乔木喷洒蒸腾抑制剂，可减少叶面蒸发，保护树体。

2. 伤口涂抹剂

为提高成活率，减少病菌的侵害，种植前要进行疏枝修剪和残伤根的修剪工作，平时的养护（尤其是行道树）也需要通过适当的修剪来调节、平衡树势。此时，修剪后的伤口处理很重要。目前市场上较简便有效的产品有伤口涂抹剂，此产品中含有消毒并能促进伤口愈合的物质，使伤口能以最快速度愈合。更重要的是该产品是浸润式的，只要用刷子刷在伤口创面，就能彻底隔绝病菌和空气，防止水分和养分的流失，对提高苗木成活率起到一定的作用。

3. 植物活力素

植物活力素富含多种植物活力成分，可被植物的根、秆和树叶直接吸收，迅速发挥作用，根部浇灌效果更佳，活力素可以促进植物的各种激素活性，促进植物迅速生根发芽，使叶面变绿并使植物迅速生长，恢复活力，从而能大幅度提高植物的成活率。

4. 叶面清洁光亮剂

如果说蒸腾抑制剂是植物的"保护伞"，伤口涂抹剂是植物的"医药箱"，植物活力素是植物的"营养液"，那么，叶面光亮剂是植物的"沐浴露"。它能迅速清洁植物叶面油污及粉尘，提高叶面的光洁度，增加植物光合作用。工程竣工后喷洒叶面光亮剂既能全面清洁施工中的尘土，又能在植物叶面产生光亮膜，有抑制蒸腾的作用。养护中喷洒叶面光亮剂可使绿地焕然一新。

（五）实例

杭州高级技工学校大树迁移工程中取得了显著的成绩，特列举大香樟的种植技术。

1. 香樟移植流程图

组织项目施工人员技术交底，了解香樟特性→移植前修剪→机械挖土球（破除混凝土地表）→人工挖土球→八边形钢板捆扎土球→整体捆绑→吊机起树→平板车运树→树穴放陶粒→吊机卸树→根部添活力素→加营养土种植→浇水、绕干、修剪→二年精心养护。

2. 技术措施

根据现场踏勘了解到本工程所移植的香樟为径干48cm的特大树木，施工前项目部组织主要施工人员对香樟特性进行了解：香樟属常绿大乔木，高达20m，冠幅8m，树冠曲折。树皮灰褐色，纵裂，小枝无毛，叶互生，卵状椭圆形，先端尖，基部宽楔形，近圆；叶缘波状，下面灰绿色，有白粉，薄革质，离基三出脉，脉腋有腺体。花序腋生，花小黄绿色。浆果球形，紫黑色，果托杯状。生长习性：喜光。喜温暖湿润气候，耐寒性不强、最低温度-10℃。深厚肥沃湿润的酸性或中性黄壤、红壤中生长良好，不耐干旱、瘠薄和盐碱土，耐湿。萌芽力强，耐修剪。抗二氧化硫、臭氧、烟尘污染能力强，能吸收多种有毒气体。较适应城市环境。耐寒。园林用途：樟树树冠圆满，枝叶浓密青翠，树姿壮丽，是优良的庭荫树、行道树，深受人们喜爱，也是我国珍贵的造林树种。

（1）移植前修剪：施工时，首先对香樟进行移植前修剪，可减少水分蒸发，缓解挖掘时受伤根系供水压力。修枝应修掉内膛枝、重叠枝和病虫枝，并力求保持树形的完整，摘叶以摘光枝条叶片量的1/3为宜。

（2）挖掘：采用PC200挖掘机和人工挖掘结合施工。土球大小是香樟大树移栽成败的关键，直径为树木径干的10倍，尽量保证根系少受损伤，易于树势恢复，土球采用八边形木板捆扎土球，一是为了保护土球，二是为了便于装运。

（3）装运：整体捆绑，用2台60t吊机起运至已经准备好的平板车，运至指定地点种植，装运过程应力求用最短的时间完成，装运前喷洒蒸腾抑制剂，最大程度减少树叶的蒸发。

（4）挖种植穴：采用PC200挖掘机和人工挖掘结合施工。树穴放陶粒，根部添活力素，再加营养土种植。

（5）定植养护：带土球树木的栽植，应先将植株放在栽植树穴内，定好方向。在扶正时应移动土球，做好支撑，切忌摇动树干，土球经初步覆土填实后方可将土球包扎物自下而上，小心解除，若泥球有松散时，下压的包扎物可剪断，不宜取出，继续填土，分层捣实，待填土达到土球深度的 2/3 时，浇足第一次水，经待渗透后，继续填土至地面平再浇第二次水，浇透为止。

（6）绕干、修剪：乔木种植后，为防止风吹树摇、土球松散以及减少苗木水分的蒸发，影响苗木的成活，对苗木要及时进行绕干。绕干采用草绳，绕干高度在 1.5~1.8m 之间。打桩采用杉木支撑，桩的高度在 1.0~1.2m 之间，打桩材料使用杉木，杉木之间采用钢丝绑扎，杉木与树之间采用 8mm 的麻绳捆扎。

（7）二年精心养护。①修剪。大树栽植不宜重修剪，应结合疏枝、剪除枯死枝、病虫枝、破损枝进行整形修剪。②灌水。大树移植后应加大灌水量和灌水强度。一般春季植树后，每隔 5~7d 灌一次透水，连续灌水 5~7 次；生长季栽植大树应每隔 3~5d 灌一次透水，连续灌水 7~10 次。如遇干旱天气，应增加灌水次数和灌水量。③遮荫。生长季节移植大树后的一定时期内，要根据树种情况采取相应的遮荫、叶面喷水或抗蒸腾剂等措施，提高移植成活率。④采用新技术提高成活率。如树干打"滴流"等根外施肥方法的应用。⑤防治病虫害。由于大树移植损伤树势，大树移栽后易受病虫害侵害，需采取有效措施进行防治。

3. 防寒防风

在大树移植后的头一二年内，应加强对树体的保护，做好防寒防风工作如灌冻水、设防风障及秋季增施磷、钾肥等技术措施。

五、反季节种植技术关键

随着社会经济的发展以及现代城市建设水平的不断提高，人民生活水平的不断提高，人们对改善生态环境的要求愈来愈强烈，因此对城市建设中重要内容之一的园林绿化，也提出了新的要求。尤其是在目前很多重大市政建设工程的配套绿化工程中，出于特殊时限的需要，绿化要打破季节限制，克服不利条件，进行非正常季节施工。为了使工程质量达到优良，施工方在施工中需要不断研究和总结非正常季节施工工艺，从而有效提高非正常季节绿化施工的成活率，确保经济效益和社会效益。

园林绿化施工主要是园林植物的栽植过程。植物材料基本是移植而来的。移植成活率及植株长势是园林绿化施工质量的重要指标。植物成活率与移植期、植物根再生能力、树体储存物质多寡、是否断根、移植技术措施及植后管理密切相关。

移植成活的内部条件主要是树势平衡，即外部条件确定的情况下（正常温、湿度），植株根部吸收供应水、肥能力和地上部分叶面光合、呼吸和蒸腾消耗平衡。移植枯死的最大原因是根部不能充分吸收水分，茎叶蒸腾量大，水分收支失衡。在春季施工，由于植株未展叶，根系萌生、再生能力旺盛，树势不会出现严重失调，只需对未发芽的枝条进行适当修剪、平衡树势即可。

因此，从植物生存生长规律出发，传统的做法是从3月中旬开始至5月初结束或者是10月中旬至11月下旬，此间是正常施工季节。此外的时间，生长旺盛的夏季、冬季的极端低温及根系休眠缺乏再生能力，都使移植成活比较困难。在没有容器苗苗源的情况下，要强行满足特殊要求或赶工期而采取反季节种植应属不得已而为之的非常规措施。

为解决非正常季节绿化施工中遇到的难点，我们可以从种植材料的选择、种植土壤的处理、苗木的运输和假植、种植穴和土球直径、种植前的修剪及种植等方面严格把关，从而尽可能提高种植成活率。

（一）种植材料的选择

由于非种植季节气候环境相对恶劣，对种植植物本身的要求就更高了，在选材上要尽可能地挑选长势旺盛、植株健壮的苗。种植材料应根系发达、生长茁壮、无病虫害，规格及形态应符合设计要求；大苗应做好断根、移栽措施；水生植物，根、茎发育应良好，植株健壮，无病虫害；草块土层厚度宜为3~5cm，草卷土层厚度宜为1~3cm；植生带，厚度不宜超过1mm，种子分布应均匀，种子饱满，发芽率应大于95%。

露地栽培花卉应符合下列规定：

（1）一二年生花卉，株高应为10~40cm，冠径应为15~35cm。分枝不应少于3~4个，叶簇健壮，色泽明亮。

（2）宿根花卉，根系必须完整，无腐烂变质。

（3）球根花卉，根茎应苗壮、无损伤，幼芽饱满。
（4）观叶植物，叶色应鲜艳，叶簇丰满。

（二）种植前土壤处理

非正常季节的苗木种植土必须保证足够的厚度，保证土质肥沃疏松、透气性和排水性好。种植或播种前应对该地区的土壤理化性质进行化验分析，采取相应的消毒、施肥和客土等措施。

（三）苗木的运输和假植

大苗在非正常季节种植中，假植是很重要的。这里推荐一种经济适用的假植方法：夏季施工采用容器囤苗法。此法是提前创造条件在休眠期断根，种植在容器中养护，如木箱、柳竹筐、花盆。在生长季节，也就是施工时，根据容器情况，不脱离或脱离容器栽植下地。其特点是：可靠性大，管理简单，可操作性强。

1. 大木箱囤苗法

针对大规格落叶乔木，如胸径超过20cm的银杏，按照施工计划及场地条件，在发芽前进苗。按施工规范要求规格打木箱，木箱规格根据银杏土球直径放大40cm，按此规格制作矩形木箱，然后将银杏植于箱中。选择场地开阔、无其他施工、交通方便的场地，排成两列，预留巷道。及时灌水，疏枝1/5~1/4，植后木箱苗均正常展叶，在6月15日至7月8日种植。

2. 柳筐囤苗

针对7~8cm的落叶乔木，如臭椿、栾树；1.8~2m的落叶灌木，如丁香和珍珠梅等。于4月13日至4月17日进苗，植于60cm柳筐中，填土踩实，按三行排列，及时灌水疏枝。柳筐苗均正常展叶、抽枝。条件具备后，带筐栽植，种植后去柳筐上部二分之一。

3. 盆栽苗木

将小叶黄杨、沙地柏、金叶女贞、小檗、锦带等植于30cm花盆中。排成5~6列，预留巷道。盆中基质用原床土加入适量肥料，进行正常的肥、水养护。条件具备时，去掉花盆，苗木土球不散，花盆可再利用。

4. 大规格常绿乔木

针对大规格常绿乔木，如6~7m雪松、5~6m油松等，采取大土坨麻包打包、早晚种植及一系列特殊措施。

措施一：夏季高温，容易失水，2000年更高达40℃左右，即应使用容器苗工艺。在苗木进场时间问题上，以早、晚为主，雨天加大施工量，在晴天的条件下，每天给新植树木喷水两次，时间适宜在上午9时前、下午4时后，保证植株蒸腾所需的水分。

措施二：所有移植苗都经过了断根的损伤，即使在进入容器前进行修剪，原有树势已经削弱。为了恢复原来树势，扩大树上树冠，应对伤根恢复以及促根生长采取措施。施生根粉APT3号，浓度1000×10^{-6}。施工后，在土坨周围用硬器打洞，洞深为土坨的1/3，施后灌水。

措施三：搭建遮阳棚。用毛竹或钢管搭成井字架，在井字架上盖上遮阳网，必须注意网和栽植的树木要保持一定的距离，以便空气流通。

除了做好假植工作以外，苗木的运输也要合乎规范，在运输方面应该做到苗木运输量应根据种植量确定。苗木在装车前，应先用草绳、麻布或草包将树干、树枝包好，同时对树体进行喷水，保持草绳、草包的湿润，这样可以减少在运输途中苗木自身水分的蒸腾量。苗木运到现场后应及时栽植。苗木在装卸车时应轻吊轻放，不得损伤苗木和造成散球。起吊带土球（台）小型苗木时应用绳网兜土球吊起，不得用绳索缚捆根颈起吊。重量超过1t的大型土台应在土台外部套钢丝缆起吊。土球苗木装车时，应按车辆行驶方向，将土球向前、树冠向后码放整齐。裸根乔木长途运输时，应覆盖并保持根系湿润。装车时应顺序码放整齐；装车后应将树干捆牢，并应加垫层防止磨损树干。

花灌木运输时可直立装车。装运竹类时，不得损伤竹竿与竹鞭之间的着生点（竹蒂）和鞭芽。

裸根苗木必须当天种植，自起苗开始暴露时间不宜超过8h。当天不能种植的苗木应进行假植。带土球小型花灌木运至施工现场后，应紧密排码齐，当日不能种植时，应喷水保持土球湿润。

（四）种植穴和土球直径

在非正常季节种植苗木时，土球大小以及种植穴尺寸必须要达到并尽可能超过标准的要求。

对含有建筑垃圾、有害物质的均必须放大树穴，清除废土换上种植土，并及时填好回填土。在土层干燥地区应于种植前浸穴。挖穴、槽后，应施入腐熟的有机肥作为基肥。

（五）种植前修剪

非正常季节的苗木种植前修剪应加大修剪量，减少叶面呼吸和蒸腾作用。修剪方法及修剪量如下：

（1）种植前应进行苗木根系修剪，宜将劈裂根、病虫根、过长根剪除，并对树冠进行修剪，保持地上地下平衡。

（2）落叶树可抽稀后进行强截，多留生长枝和萌生的强枝，修剪量可达6/10~9/10。常绿阔叶树，采取收缩树冠的方法，截去外围的枝条，适当疏稀树冠内部不必要的弱枝，多留强的萌生枝，修剪量可达1/3~3/5。针叶树以疏枝为主，修剪量可达1/5~2/5。

（3）对易挥发芳香油和树脂的针叶树、香樟等应在移植前一周进行修剪，凡10cm以上的大伤口应光滑平整，经消毒，并涂保护剂。

（4）珍贵树种的树冠宜作少量疏剪。

（5）灌木及藤蔓类修剪应做到：

带土球或湿润地区带宿土裸根苗木及上年花芽分化的开花灌木不宜作修剪，当有枯枝、病虫枝时应予剪除。

对嫁接灌木，应将接口以下砧木萌生枝条剪除。

分枝明显、新枝着生花芽的小灌木，应顺其树势适当强剪，促生新枝，更新老枝。

另外，对于苗木修剪的质量也应做到剪口平滑，不得劈裂。枝条短截时应留外芽，剪口应距留芽位置以上1cm；修剪直径2cm以上大枝及粗根时，截口必须削平并涂防腐剂。

（六）苗木种植

落叶乔木在非种植季节种植时，应根据不同情况，对苗木进行强修剪，剪除部分侧枝，保留的侧枝也应疏剪或短截，并应保留原树冠的三分之一，相应地加大土球体积。可摘叶的应摘去部分叶片，但不得伤害幼芽。夏季搭棚遮荫、树冠喷雾、树干保湿，保持空气湿润；冬季应防风防寒。做堰后应及时浇透水，待水渗完后覆土，第二天再做堰浇水、封土，浇透三次水后可视泥土干燥情况及时补水。

对排水不良的种植穴，可在穴底铺 10~15cm 沙砾或铺设渗水管、盲沟，以利排水。

树木种植后应对苗木进行浇水、支撑固定等工作，种植后应在略大于种植穴直径的周围，筑成高 10~15cm 的灌水土堰，堰应筑实不得漏水。坡地可采用鱼鳞穴式种植。

对新发芽放叶的树冠喷雾，宜在上午 10 时前和下午 15 时后进行。对人员集散较多的广场、人行道，树木种植后，种植池应铺设透气护栅。

大树的支撑宜用扁担桩十字架和三角撑，低矮树可用扁担桩，高大树木可用三角撑，也可用井字架来支撑。扁担桩的竖桩不得小于 2.3m，桩位应在根系和土球范围外，水平桩离地 1m 以上，两水平桩十字交叉位置应在树干的上风方向，扎缚处应垫软物。

三角撑宜在树干高 2/3 处结扎，用毛竹或钢丝绳固定，三角撑的一根撑干（绳）必须在主风向上位，其他两根可均匀分布。发现土面下沉时，必须及时升高扎缚部位，以免吊桩。

（七）反季节栽植技术措施

在城市绿化中，为了尽快体现绿化效益，往往采用反季节大树移植的办法来加速绿化进程。反季节大树移植是一项十分细致的工作，为了提高移植成活率，结合呼和浩特地区的具体实践，可采取以下有效措施，认真掌握好"五关"的技术关键。

一是"起树关"。首先要根据不同需求选择适宜的树种，起树时必须带土，土坨半径一般不得低于树干基径的 3~4 倍，这要根据现场树干胸径大小、树种和土壤结构情况具体确定。土坨深度应在树木根系主要分布区以下，土坨的外形基本保持圆柱形，其底部逐渐曲线回收。对主根和较粗根系截断时，要使用利铲和手锯切断，不要用铁锹硬扎，防止其劈裂，如有劈裂应实行短截，要保持切口平滑完整。土坨的打包多采用草绳，可根据土壤的松散程度采取不同的打包方式，有井字包、五角包和橘子包等。对于直径 120cm 以上的大土坨则应采用木箱打包，要做到打包密实、牢固，防止土坨散裂。

二是"修剪关"。为了保证树形美观、起运方便，减少栽植时的修剪量，可提前一年进行修剪。另外由于起树时根系受到破坏，树木吸收水分与自身蒸腾失去平衡，故采用修剪措施，以利其保持平衡。阔叶树可采取强修剪，必要时还可采用截干的办法。针叶树则可对枯枝、病枝、断枝进行清理,其他枝条也可根据树姿情况适量少修,对所有切口都应涂抹油漆加以保护。

三是"吊运关"。起好的树木在装车前应把树冠用草绳包扎,避免树枝折断,影响树形。大树的起吊要特别注意对树干的保护,严防树干被环剥,因此,在施工中必须杜绝不分土坨大小,仅把树干作吊装受力点的错误做法。树木装车应保持土坨在前,树身侧躺向后,要固定牢靠,防止运输过程中摇晃,导致土坨散裂和枝条受损。拉运过程要保持最短时间,并采取挡风、遮阳等措施,有条件还可对树冠适当喷水,避免长途拉运失水严重。

四是"栽植关"。大树栽植应尽可能在无风的阴天进行,先在树坑内拌匀适量的基肥,栽植前可对土坨1/3以下根系部位施生根剂,浓度控制在500~1000mg/L。树木栽植的深浅以根、茎交接处与地面相平为宜,防止过深或过浅。土坨四周的回填土应做到分层回填、分层捣实,防止形成空洞,导致透风。为避免树身风吹摇动和浇水后倾倒,应及时牢固地绑扎好树木保护架,树圈的大小应满足浇水需求。

五是"养护关"。大树移植后应立即浇水。在呼和浩特地区要保证浇3次透水,每次间隔应控制在5~7d之内,浇水后如有塌陷应及时覆土夯实,防止露根及透风,随后可进入正常浇水养护阶段。

总之,大树反季节栽植要认真把好"五关",同时要力求从挖起树木到栽植的时间最短,最好是随起随栽。如果当年反季节植树计划能够在树木移植适宜期前落实,则提倡采取"提前囤苗法"实施反季节移植,因为它能确保树木的成活。具体的做法是:在树木移植适宜期前选好树木,然后在树木放叶前起苗,土坨可用木箱、柳筐打包,较小的土坨还可用无纺布和草绳打包,做到土坨不散不裂,打包牢固,然后就地栽植及时浇水养护,修剪枝条1/5~1/4以下,保证树木的正常生长。待需要移植时,连同包装一并运到现场,酌情取舍包装后进行栽植,此方法科学合理,只要移植计划适时,便可采用,效果最佳。

(八)提高反季节种植苗木成活率的方法

1. 改变苗圃育苗方式,提供反季节种植苗木

利用春季植树的黄金季节,可将不同规格、品种的乔木、大规格苗木带土球挖掘好,并适当重剪树冠,装于比球稍大、略高20~30厘米的箩筐内(常用竹片、紫穗槐等材料编制）。苗木规格较大时，可改用木箱，埋于地下，正常管理。待需要时，连筐一同挖起，种植时去掉箩筐或木箱。这样，苗木根系基本不受伤害，树冠可以不修剪，保持原状，能达到某些临时特殊要求。对于用作色块的小檗、女贞、月季等小规格灌木，可在春季直接种植于塑料盆中，埋于地下，正常管理。待反季节种植时，连盆一同挖出，运至施工现场，撕开塑料盆，植于地下，成形快，绿化效果好。

2. 选择土球包装材料，减少苗木损耗，保证景观效果

反季节栽植苗木，必须带土球。如果在运输或栽植过程中，土球散开，苗木很难成活。乔木、大规格花灌木必须带大土球移植，起挖时用草绳密密缠绕，为保证景观效果，可不重剪和短截，进行少量疏剪和摘叶。草绳可以不剪开，直接植于土壤中，这样既能快速成形，又可减少水分蒸发。用作色块的小灌木，土球要用无纺布包裹。种植时不必解开无纺布，因为它可以透水、透气，过一段时间自行腐烂。这样解决了在解土球包装的过程中散土球的问题，减少了植物材料的损耗，降低了成本。

3. 科学管理，精心养护，保证成活

（1）反季节种植苗木，要尽量缩短起、运、栽的时间，保湿护根。

（2）栽后尽快浇水促发新根，还可灌一定浓度的生长素。树冠树叶用遮荫网适当遮荫10~15d，并用喷雾器向叶面喷水。

（3）在土壤干旱的地区，可以在种植时使用保水剂。它能够吸收大于自身体积十倍甚至数百倍的水分，将其储存起来，然后随着周围环境的变化而缓慢释放，满足植物生长过程中所需水分。

（4）易日灼地区，应用草绳缠干，并在草绳上适当喷水。

反季节栽植技术需要在实践中总结和完善：目前反季节栽植已成为城市绿化施工中普遍使用的方法，其技术的实用性、可靠性和可操作性均已得到实践的证明。它的应用不仅解决了植物非生长季节进行绿化施工的难题，同时也加快了城市园林建设的步伐，大大延长了绿化施工期。

我们要从植物生存、生长的客观规律出发，加强计划性和预见性，适时合理地安排好反季节植树工作，同时要在实践中不断摸索反季节栽植的成功经验，注重科技新成果以及先进园林机具的应用。只有这样才能尽量减少实施反季节栽植的损失，确保移植树木的成活率和正常生长。

六、立体花坛的施工

立体花坛，就是用硬质（如钢材等）金属材料，竹、砖等将花坛的外形布置成花瓶、花篮或孔雀、帆船、时钟、动物等形状，其外缘配置花草。有些除栽有花卉外，还配置一些有故事内容的工艺美术品所构成的花坛，也属于立体花坛（图4-14）。

立体花坛，一般应有一个特定的外形。为使外形能较长时间地固定，就必须有坚固的结构。

（1）一个立体花坛，小的高几十厘米，大的高达十余米，大多设在公园和广场或道路的中心花坛等公共场所，其结构务必牢固，确保绝对安全，尤其在南方的台风地区。

（2）要有一定的艺术性。立体花坛，不是单纯的栽花种草，而是一个艺术创作，竖立在游人较多、视线较集中的地方，供人们欣赏，给人以美的艺术享受。为此，在艺术造型上要精细，品位要高，花卉配置与养护管理要周到。

（3）要与环境协调。立体花坛设置的地点、时间，制作的内容、大小等，都要与立地环境协调。作品只有与环境相协调才能有艺术活力，才能给人们以均衡

图4-14　立体花坛

的艺术美感。如在自然式的山水园林中,竖立一个规则式的立体花坛,无论这个花坛制作得如何精巧,都很难获得预期的效果。

立体花坛由钢材或竹、木等作为骨架制作,外形固定,中间空,外缘用木板与钢丝编制,用草包或麻片包裹其上,草包内放种植土壤。最后,在草包或麻片外插孔栽植花苗。有的立体花坛不用草包或麻片,在木板外层包一层钢丝网,板与网中间放栽植土壤(拌合适量稻草,增加粘结度),在钢丝眼上插种花卉。

(一)花坛的花卉种植(图4-15)

(1)选好花苗。花卉是花坛的主体,花苗的质量在很大程度上决定了花坛的观赏效果,因此要严格挑选品种纯正、生长强壮、姿形饱满、无病虫害的植株。在重大节日庆典会之前,要挑选50%~60%的盛花期盆花。在平时季节换花时可选初开花的盆花。在数量上,还要留有足够的换补花苗,以备及时补栽或更换。花卉的布置要求表面平整,特别是立体花坛,一要牢固,二要表面齐整。花卉要选择低矮、密生、花繁、色艳的品种。

(2)花坛的土壤,一定要是适合花卉生长发育的肥沃土壤。施工中要严格整理,施足基肥,必要时进行换土。文字花坛、模纹花坛的施工,其图案线条必须准确、

图4-15 花坛的花卉种植

清楚；高大的立体花坛，要注意坚固、安全。栽种花苗，要保证质量，及时浇水。

（3）引进外来品种时，要严格注意生物安全，严格遵守国家有关植物检疫的规定，一旦发现检疫对象，应及时向有关部门报告，就地妥善处理。

（4）栽植花坛花卉。要将选择好的盆花来进行栽种。栽植盆花的间距与深度是关系到花坛的优美与生长势的重要环节，栽植的间距要密。普通花坛，以相邻植株的枝并接为度，不露土面，即以两植株冠丛半径之和为栽植间距。模纹花坛的植株间距，还可适当缩小。如果用种子播种或小苗栽种的一般花坛，其间距要根据花苗的品种适当放大，以花苗长大进入观赏期后不露土面为标准。花苗栽植以梅花形栽植为最佳。栽植深度以原土痕为标准，即浇水以后，原盆土的栽植深度为移植深度。栽得过浅，不耐干旱，不易成活，也容易倒伏；栽得过深，生长不良，甚至根系腐烂而造成死亡。有些草本花卉土痕不明，则以根颈处为度。球根花卉应栽在土层10cm以下，一般覆土厚度为球高度的1.5~2倍。

（5）花坛的"护边"要妥善处理。花坛是由花卉（草本或少量木本花卉）、土壤、护边（有的还有灯饰、支架和造型）等组成的整体，其每个部分要服从主体"花卉"，护边的材料、形式需精心设计，对主景起衬托、防护和美化作用，以显花坛的整体美。花坛的护边处理忌简陋、粗糙，忌过于繁杂，忌华丽、昂贵、喧宾夺主。常用的护边材料有石材、竹木、金属杆、绿篱植物围护等。

（二）花坛的养护管理

古人说："三分建，七分养"。草本花卉较嫩，需要及时、科学地进行土、肥、水等管理和除杂草、防病治虫、整形修剪等养护作业。

1. 浇水

水分对花卉的生长发育是必不可少的。平面花坛的浇水，可用人工水管浇灌或自动喷灌设备喷雾；立体花坛最好安装滴灌，自动喷灌。喷、浇水的时间、次数应根据花卉种类、气候条件及土质状况来决定。大热干旱，次数要多，一般早晚各一次；阴天土壤湿润，可以不浇。花坛的浇水以灌水为佳，忌讳水压较大直喷花朵正面，因为那样会使花朵提前枯死。立体花坛喷水，晴天早晚各喷一次水。有自动滴灌的也要早晚自动浇灌。高温大旱天气，喷雾水要多喷几次。

浇水的时间，夏季在早晚进行，冬季在中午进行。这样水温与地温相差不大，有利花卉生长。花坛浇水的水头不能太急，以防水力过大、冲刷土壤、冲倒花卉。

浇水量一定要足，不能仅湿表土，还要湿透底部。

花卉生长离不开水，但又怕水分过度。多雨季节，土壤过于潮湿，还要做好排水工作，不能积水，否则会导致烂根。

2. 施肥

花坛肥料主要靠施足基肥。在整地时将腐熟的鸡鸭粪、饼肥、绿肥等有机肥翻耕入土。盆花与立体花坛的土壤在栽苗前，应渗入腐熟的饼肥和草木灰等有机肥。在花卉生长季节，视生长开花情况，可适当追施化学复合肥料，注意肥料不能过浓，宜"薄肥勤施"。肥分过浓或没有腐熟的有机肥，反而会使花卉生长不良，甚至花根部腐烂死亡，即"肥害"。

3. 整形修剪

花坛花卉的整形修剪方法，主要有疏枝、短截、摘心、抹芽、疏花、疏果以及除去病枝、残花、败叶等，其目的是控制植株高度、姿形，促进生长，促进分蘖，多开花，开好花，保持整洁，延长观赏期。文字花坛和模纹花坛更应经常修剪，保持图案明显、整齐。

4. 防病治虫

花坛花卉的病虫害，主要有地上和地下两部分，地下病虫害有蛴螬、地老虎、白蚁、腐根病、枯萎病等。地上枝叶有蚜虫、粉虱、介壳虫和锈病、叶斑病、白粉病等，做到"预防为主，综合防治"。采用化学防治时要注意农药种类与浓度，以免产生药害。应多用生物农药，不用、禁用化学农药，保护环境。病虫害发生较轻时，可采用人工挖除、剪去病虫枝、灯光诱杀等无污染的环保措施或以菌治虫、以虫治虫等物理防治技术。

5. 补植

花坛花卉往往有缺株或人为踩踏造成花坛损坏现象，要及时发现，及时用保留盆花补植，或找相同规格的盆花补植。有时虽不是死亡缺株，但出现严重生长不良，与整体花苗生长很不协调而影响观赏时，也应更换上新的植株。补植与换栽的花苗品种、色彩、规格都应和花坛内的花苗一致。

6. 除杂草

花坛花卉生长期内，一般10~15d要除一次杂草，既有利于花卉生长，也可提高观赏效果。在花坛整地栽盆花前，尽可能去除杂草及草根，尤其像白茅、香附子等恶性杂草。除草可以同松土结合，但注意松土时不能伤根。

花坛养护管理工作除上述诸项外，还有雨季排涝、台风季节防台、注意人为损坏等。

七、花境施工

花境是自然式花坛的一种新形式，它要求自然优美。在花境施工中，应注意选择建花境的地形，它一般要求能有一定的坡度，以便形成更好的观瞻面。种花境时选择的盆花品种要求丰富，高矮品种均能用，有的则可选择一些多年生花卉。在种植花境时可选用规则式花境和自然式。

1. 规则式花境的施工

一般选用的地形相对成圆形、半圆、扇形等，都要适当考虑坡度。圆形地要中间高、外缘低，形成锥形。选择品种要在十种以上。种植图案从上到下全部按同一图形放射状种植，要求搭配的图案色彩丰富、艳丽而自然（图4-16）。

图4-16　规则式花境

2. 自然式花境的施工

一般是指在条状、不规则状、弧线形状的地块上栽植各类不同的盆卉，地块同样要有一定的坡度，它与普通花坛不同。自然花境的选花苗品种要求繁多，而且可以有高低差落，以栽苗为佳。在图案上变化多样，不要求统一，以自然优美为标准，颜色丰富多彩，有高低差落，一般只以后面高前面低为最佳观赏面。如果要四面观赏，可在中间种植高的盆花，向外逐渐种低的盆花品种。花境上可多用一些多年生草本和木本花卉。其他的花境养护管理与花坛相同（图4-17）。

图 4-17 自然式花境

八、草坪的建植与养护

园林中用低矮的草本植物铺植或播种草籽,培养形成整片像绿毯一样覆盖地面的称为草坪。草坪在园林绿化中,不仅能满足人们观光赏景、休闲活动的需要,而且对环境卫生、防尘沙等均有一定的作用。目前随着对屋顶绿化的重视,由于草坪植物都是浅根性,耗土少,又不怕日晒与风吹,护土抗风力极强,所以在屋顶绿化中应用十分普遍。

(一) 草坪的建植

1. 整地

按照设计标高与要求,铺栽草坪前,要先整地。栽草的土壤要求疏松、肥力均匀,土表要平整,去除石块、杂草根。杂物多的土壤,可将表土全部过筛;土质不好应换土;较黏的土壤,可掺混细沙。草坪植物的根系生长深度,视草种、土质情况而有所不同,一般在 15~25cm,在疏松、肥沃的土中,可达 30cm,深根性草种可深入地下 1m 以上。草坪的土壤,要深翻 40cm,同时,施有机肥料,翻入底部。可施腐熟的饼肥 750~1500g/m^2。施肥要均匀,否则会使草坪生长不均,严重影响景观效果。

土壤的表面要整理整齐,一般要有 0.3%~0.5% 的倾斜坡度,有利排水。土面中间绝不能有坑坑洼洼,以免积水,使草坪腐烂而死。对有特殊要求的大面积草坪，还应设置排水沟，最好是暗（盲）沟。

2. 草坪铺设

最宜 2 月、3 月间进行，如工程需要，也可一年四季进行。草坪的铺设一般采用铺、种、播等方法。

（1）铺草法。这是最常用、最广泛的铺设方法，铺设以后见效快、生长迅速，一般春季铺设最为适宜，但其他季节也可进行。同子播法相比，铺草不受季节限制，管理较容易。铺草法有密铺、间铺、条铺等方法。

① 密铺：种草起掘厚度为 3cm 左右，面积 30cm×30cm 左右。其操作程序是整地去杂、施肥、铺草、浇水、镇压。为节约种草，也可将草皮拉松成稀疏网状铺。

② 间铺：也叫块铺、点状铺。将草坪切成小块，一般呈梅花状铺设。可铺全部面积的 1/3~1/2。

③ 条铺：一般将草皮切成条状，条的长与宽，视草皮数与铺栽要求定。条状草种的宽度与行距普通是 10cm×25cm。

（2）种草鞭法。将草种的匍匐茎埋设在要铺栽草皮的地上，称为种草鞭。鞭（茎）的埋设方法有点栽（株行距 15~20cm）、条栽（栽植深 5~6cm，条距 20cm 左右）和撒栽。狗牙根等匍匐茎能节节生根，可以将茎切成 5cm 左右的小段（每段至少有一个节），均匀地撒在整好的土地上，然后镇压、浇水，覆 2~3cm 细土。此法铺设的草地较平整。

（3）播种法。即利用种子播种，培育成草坪。我国南方的狗牙根、北方的羊胡子草和外国引进的冷季型草种等，都可进行播种，培育成草坪。播种草籽，可在春（2~5 月）、秋（9~11 月）进行。草坪草的种子细小，播种之前应作发芽试验，计算发芽率，合理地确定播种量。一般情况下，狗牙根的播种量约 $1.5g/m^2$，羊胡子草约 $7.5g/m^2$，冷季型草约 $25 g/m^2$。

播种时应精细整地，为了使种子能均匀撒播，可掺适量细土或草木灰，在无风时播撒，覆细土镇压，覆土厚度为种子高度的 1 倍，然后喷水（雾点要细）。最好覆薄膜，待大部分种子发芽出土后揭膜。

草坪种子机械喷播有客土喷吹和种子喷播两种方式。客土喷吹是将种子、泥土、肥料、水和纤维质等量混合均匀，用机械喷附在陡坡；种子喷播是将种子、肥料、纤维等材料混放在水中，使用泵类喷至较缓的坡面上的播种形式，纤维含量为 $200g/m^2$。

3. 草坪建植的操作要求

(1) 铺设草坪,应先将土壤翻松整平,地面要有以利排水的倾斜度。土壤肥力一定要均匀。

(2) 铺设草坪要选用生长茂密而又无杂草的草种。密铺时,每块草皮相接处允许有 1~2cm 的孔隙。铺栽后,要充分浇水,压平或用木板夯平,与土壤密接。

(3) 铺设草坪不宜在冰冻期间或炎热干旱的气候条件下进行。

(二) 草坪的养护管理

草坪建植只是草坪建设的第一步,草坪同其他花木一样,建植后要成活、长好,需日复一日、年复一年的精心养护管理,以达到绿草如茵、寸土不露的效果。

1. 养护的质量标准

许多园林管理部门对草坪的养护管理,都建立了质量标准,有的还分级管理,即设有一级、二级的质量标准,实行标准化、规范化的管理。根据草坪的功能要求,评价其质量标准的主要内容应包括以下几方面:

(1) 覆盖度。质量好的草坪,其覆盖度要在 90% 以上。

(2) 生长状况。要求生长茂盛、不枯黄、无病虫害。

(3) 草坪的纯度。要求基本无杂草。

(4) 草坪高度。要求保持在 10cm 左右,超过高度要及时修剪。

(5) 绿色期。选择的草种,休眠期要短,通过养护管理尽可能延长绿色期,尤其不能在夏季休眠枯黄。采取养护措施,促使草坪少休眠(即缩短休眠期)、不休眠、保持常绿。

2. 草坪养护的作业项目

(1) 修剪。又称滚剪、剪草。草坪修剪采用机动滚草机与背式机动割草机或人工剪草机,可根据需要和条件选用。小面积草坪花境、树穴、园路等边沿的草皮,也可用镰刀、绿篱剪修剪。草坪超过 10~15cm 须进行修剪,特别在 4~6 月与 9~10 月生长旺期。在南方,一级草坪全年滚剪 8~10 次。同时还需重视节假日的草坪养护,通常在距节假日 15d 左右对草坪进行 1 次修剪,因草坪剪后 7~10d 才能发叶转青,这样才能使节假日期间草坪的效果更好。草坪修剪的目的与作用有:

① 使草坪保持一定高度(不超过 10cm),达到低矮常绿、整齐平坦,提高观赏效果。

② 促使多分蘖和枝叶密生，增加草坪的密度和柔软度。不仅可增加观赏效果，而且游人踩在草坪上活动时，更感舒适。

③ 可消除一些杂草。尤其对一二年生开花结籽的杂草，在修剪草坪时，也可剪去杂草的花枝，使其不能结籽。

（2）切边。在草坪与花境、树穴、园路交接处可采取纵向修剪的方法，以保持草坪清晰的边界，防止草坪蔓延至花坛、树穴和园路。

（3）除杂草。杂草是草坪的大敌，与草坪争肥、争水、争光，影响观瞻，重者会造成草坪报废。所以，草坪的纯洁度是衡量草坪质量的一个重要标准。草坪除草的要求是：除早、除少、除根，不让杂草在草地上结籽下落。草坪除草，常用小刀手工将杂草连根去除。一年中除11月至翌年1月杂草较少外，几乎全年均须除草。一般全年须刈草7~10次，尤其在3~6月杂草的生长旺季。

但人工除草工效低，而且香附子、田鸡草等恶性杂草难以除去，可采用化学除草剂防除杂草。在夏、秋气温高时，进行化学除草2~3次，可基本控制杂草蔓延，草坪纯洁度可达到80%~90%。如用2,4-D（铵盐或钠盐）或二甲四氯750~1000倍液喷施（随气温高低而定，气温高，浓度稀，气温低则浓度高），以喷湿为度，对香附子、田鸡草等恶性杂草和其他阔叶杂草有显著杀伤作用。以2,4-D5份与扑草净2份混合使用800~1000倍液喷施，也同样有明显效果。在使用化学除草剂时，应注意以下几点：

① 化学除草剂，在除杂草的同时，对草坪与环境有一定的污染，尤其在开放的重点草坪上，要少用、慎用。

② 杂草幼苗期间，抵抗力低，此时施药，效果最好。

③ 喷施时间，应选在5~9月气温较高的季节，晴朗无风的天气，每天上午9时至下午4时进行。气温越高，药效越好。

④ 要严格掌握药量与浓度。过多过浓，将危害草坪植物的生长。过浓，除草的效果反而不理想。如用2,4-D防除香附子，高浓度的药剂，很快使地上部分的叶子枯死，而香附子的地下块根照样活着，没过几天又抽生叶片。草坪施药时，用喷雾器喷施，一般喷湿叶面即可。

⑤ 要注意周围树木、花卉的安全。除草剂的雾点不要飘散到草坪周围树木、花卉的枝叶上，否则会造成树木叶片的焦黄，甚至致死。喷雾器的喷头可以装上防护罩，防雾点扩散。用于化学除草剂的喷雾工具，应专用，尤其是施过2,4-D

的喷雾器。

（4）浇水。草坪是浅根性的草本植物，易受旱害，特别在夏季高温时节，应在早、晚时浇（喷）水。游览旺季，游人在草坪上活动多，难免使草坪上留有病菌、灰沙与其他不洁之物，因此在傍晚对草坪进行清洁喷水，保持草坪叶面洁净鲜绿。有时，由于草坪茎叶上积灰沙过多（如沙尘暴天气的影响），也应及时喷水，淋去灰沙。

（5）填土平整。草坪须经常保持平整，特别是大型草坪，由于雨水冲刷或土壤陷落形成高低不平、低洼积水，应及时填平，排积水，填土夯实，补植草皮。同时，草坪上发现砖、石块等杂物，应及时拣除。

（6）施肥。草坪除在铺设前施基肥或铺施肥土外，在生长期间应追肥，特别是长势较差的草坪。追肥可选用化肥，选用硫酸铵（1∶20）、尿素（1∶50）喷施，防止过浓，一年进行2~3次。也可结合更新复壮，对草坪进行打洞施肥。

（7）防治病虫害。结缕草、黑麦草等草坪常在春、秋季节发生锈病，可用25%粉锈宁乳油2000倍液喷施。草地螟的幼虫会咬断地上部分，使草皮枯黄，可用农药喷杀。

（8）复壮更新。植物都有一定的生命周期，草本植物的生命期限比较短促。草坪进入老龄期后，生长逐渐衰退，需要及时更新，使草坪重新恢复生长活力。有的草坪虽没有"老化"，但由于游人过多踩踏，或遭病虫害、杂草危害，或土质较差，致使草坪严重生长不良，过早"老化"，影响观赏，则也需采取更新复壮的措施。草坪更新复壮有如下几种方法：

① 断根法：生长多年的草坪，其根先"老化"，再生能力差，吸收力低，需切断老根，促使萌生新根。草坪断根可利用"草坪切侧根通气打孔机"，或自制打洞器，即利用铁板或厚木板，装上长10cm左右的铁钉，在草坪上打洞，断其老根，然后在洞孔内施肥或施沃土，促使新根生长。有了旺盛的新生根，草坪就会很快恢复生机。此法可在2~3月进行。

② 通气法。草坪久经人为踩踏，土质硬化板结，土壤通气不良，致使草坪难以良好生长。因此，可采用草坪打洞，使土壤疏松、通气。现在有这方面的专用机具，如刀具垂直草坪打洞通气机和滚动式草坪打洞通气机。打洞通气可与施肥相结合。

③ 全面更新法。如草坪生长多年而"老化"，但又是园林中的重点草坪，

则可以全部掘起，暂放一边，然后重新整地、施肥，再将起掘的草坪铺回，浇水即成。也可将草坪挖掘后，运到异地栽种，原有土地铺栽上新草种，或进行种子播种。

④ 分期更新法。即对需要更新复壮的草坪，有计划地分年分批进行。每次更新时，挖去一部分草坪，可以条状或块状挖掘，再松土或换土、施肥，重新铺植。这样，经2~4年，就可以更新一遍。分批更新，新老同在一块，生长旺衰显著，不适宜在重点开放游览区采用。

第五章　苗木新秀

近年来，在城市园林绿化中，人们普遍认同乔、灌、地被三层结构的植物群落，其生态效益比较理想。在加快对本地优良植物资源选择、利用的同时，还大量引进了一些适应当地环境、具有较高观赏价值的新优园林植物种类。

一、乔木新品

欧洲荚蒾（图 5-1）

科属：忍冬科、荚蒾属

种类：球花欧洲荚蒾（*Viburnum opulus* 'Sterile'），为欧洲绣球（*Viburnum opulus*）的栽培变种，又称"玫瑰"（'Rouseum'）。

形态特征：常绿小乔木，老叶深绿，新叶多彩，叶片对生，呈椭圆形，叶缘有不整齐锯齿，叶脉网状；是荚蒾属植物中的常绿品种。花绿白色，似雪球，初夏开放。果半透明，有红色光泽，簇生，观赏性强。具有较强的生长能力和萌枝能力，树形美观。泰尼斯荚蒾（*Viburnum Tinus* 'Eve Price'），为棉毛荚蒾（*Laurustinus*）的栽培变种。产地中海地区，常绿灌木，性健壮，株形紧凑，数百年来一直用作树篱。叶细长，暗绿色，具光泽，椭圆状卵形，先端尖。花粉红色，芳香浓郁，花序平展。花期仲冬至翌年仲夏，浆果蓝黑色。喜光或耐阴，耐夏季干旱。

适栽地区：具有较强的抗低温能力和抗盐碱能力，能跨长江向北种植，可在西北、华北、西南、华中、华东等地区广泛推广应用，特别适合北京地区。

园林应用：可培育成灌木、小乔木、绿篱或行道树，亦可片植或群植。在北方作为室内盆栽植物，具有较好的观花、观果性状。

图 5-1　欧洲荚蒾

银姬小蜡（图 5-2）

学名：*Ligustrum sinense* 'Variegatum'

别名：花叶女贞

科属：木犀科、女贞属

形态特征：常绿小乔木，老枝灰色，小枝圆且细长，叶对生，叶厚纸质或薄革质，椭圆形或卵形，叶缘镶有乳白色边环。花序顶生或腋生，花期 4~6 月。核果近球形，果期 9~10 月。全株极细密，极耐修剪，灌木球紧凑，容易成形。与其他彩叶植物配植，彩化效果突出。

图 5-2　银姬小蜡

生态习性：稍耐阴，对土壤适应性强，酸性、中性和碱性土壤均能生长，对严寒、酷热、干旱、瘠薄、强光均有很强的适应能力。

适栽地区：华东、华南、华中、西南等地区。

园林应用：可修剪成质感细腻的地被色块、绿篱和球形，与其他色块植物配植，彩化效果更突出。也适合盆栽造型。

日本红枫（图 5-3）

学名：*Acer plamatum atropurpureum*

别名：红丝带

科属：槭树科、槭属

分布地区：适宜在我国辽宁以南、新疆以东、东海之滨广大地区种植。

生物特性：落叶乔木或灌木，高 4~8m，冠幅 4~5m。枝红色横展，叶较小，猩红色，有蜡质，具光泽，夏季不灼伤，顶枝一直鲜红。叶片掌状，5~7 深裂，春、夏、秋三季均为红色，尤其春秋季节为鲜红色，仲夏变为棕红色，被誉为"四季火焰枫"。主要分枝着生部位较低，有很多密集、错综复杂的小枝。冬季叶片落尽后，它奇特、极富观赏性的枝干仍然为冬季园林增添一景。日本红枫适合于寒冷气候，喜营养丰富且排

图 5-3　日本红枫

水良好的肥沃土，生长极迅速，是常规红枫生长速度的一倍，耐寒性强。华东、华北、西北等地区可室外栽培。

应用价值：从日本、韩国、中国产生超过1000个变种。日本红枫是在园林中应用最为广泛的红枫品种，因为其树形的小巧、精致的类似蕨类植物的叶片以及秋天艳丽的色彩而闻名。

养殖方法：主要是在春季采用枝接的嫁接方法进行繁殖，砧木为1年、2年生的青枫和鸡爪槭。嫁接后的日本红枫要及时抹除砧木上的萌芽，适时松绑。冬季落叶后是移植栽培的最佳时期，栽培时以稀植为宜，以增加和改善苗间的通风透光条件，促进树冠枝繁叶茂。平时的管理养护要勤施薄肥，增施磷、钾肥，控制氮肥的施用量，否则易使叶色变绿。

香花槐（图5-4）

学名：*Cladrastis wilsonii* Takeda

科属：蝴蝶花科、香槐属

形态特征：乔木，树高10~12m，树干挺拔顺直，枝疏节长，树皮灰褐色至褐色。叶互生，17~19片羽状复叶，椭圆形至卵圆形，叶面光滑，鲜绿色，比刺槐叶大。5~8月开花，我国南方可春、夏、秋连续开花。总状花序腋生作下垂状，长8~12cm，朵大近10cm。我地蜂农总结："花朵大、花量多、花形美、花期长，芳香袭人，蜜粉丰富，是定地养蜂的优质蜜粉源"。

图5-4 香花槐

生态特性：香花槐既喜欢阳光充足、空气流通的优良环境，又可耐零下25~28℃的严寒。在我国，除黑龙江省外，从海滨平原到海拔2100m的高山，无论中性土、酸性土或轻碱性土均可良好生长。它的适应性、易生性（根段或枝条均可繁殖）、速生性（当年苗可高达2m）、再生性（头年埋根成苗，次年可生出多株幼苗）和所具的优质蜜粉源、观赏、绿化、固沙、保土等经济、生态价值决定了它广阔的发展前景。

香花槐的繁育技术：

香花槐有好花但不结荚果，无种子可供繁殖，只能靠埋根段、枝条快繁或嫁接作无性繁殖。

（1）埋根繁殖。这是最主要的繁殖方法，成活率85%~90%。

① 备种：香花槐落叶后即可引进种根，定植前以沙土埋藏保存，掌握好沙土湿度，既不可让根段脱水干枯，又不可湿度太重而霉变腐烂。

② 整地：育苗选择土层深厚、地势平坦、灌排方便、无病虫传染源的沙壤土最好。每667m^2 施2500kg畜禽粪肥，或施50kg磷肥和二铵作基肥；用呋喃丹等杀虫剂杀灭地下害虫。地要深翻、整细、耙平，畦宽1m左右。

③ 育苗：育苗时间，南方为3月上中旬，北方为3月下旬至4月上旬。选择1~2年生直径5~10mm无病虫害痕迹的光滑根段，剪成5~7cm长备用。顺畦开沟，沟距50cm，深度5cm，然后将根段以30cm的株距平放于沟内，覆盖细沙土，浇透定根水，盖好地膜，一个月左右即可出苗。

④ 苗木管理：出苗后及时揭膜浇水，若遇连续阴雨则应注意排水。幼苗期要及时拔草，抹掉侧芽，浅松表土，切勿伤及嫩弱短根。适时防治病虫害，适量施肥，久旱则以清粪水抗旱兼施追肥，促苗生长健壮。

⑤ 移栽及管理：香花槐苗木于当年秋末落叶后或翌年春季萌芽前移栽定植。按规划打穴、施基肥，栽植后填土压实，浇透定根水，成活率一般95%以上。秋后树高可达2~3m，胸径3~5cm。第二年开花，花朵艳丽，香气袭人，加之树形开张，姿态优美，十分逗人喜爱。

（2）枝条快繁。

① 快繁时间不受季节限制，一年四季均可，不过以早春快繁生根率最高。

② 选取直径8~20mm木质化硬枝，剪成15cm长的插条，上切口剪平，距芽苞1~2cm，下切口剪成45°的斜口，距芽苞5mm，分上下端以50根为一捆，用50mg/L快繁宝1号液浸泡下端3~4h后捞出备用。

③ 苗床要求，按20cm×40cm的株行距将枝条以45°的倾角插入基质内。

④ 苗木管理：出苗后及时定植，并浇足定根水，气温高时可适当遮荫，抹掉侧芽，加强肥水管理。春季快繁苗当年可长到2m以上。

香花槐后期管理简便，生产成本很低，适宜定地养蜂、园林观赏、防风固沙、水土保持等大面积营造，见效很快。

蝴蝶果（图 5-5）

学名：*Cleidiocarpon cavaleriei*（Levl.）Airy Shaw

科名：大戟科

形态特征：常绿乔木。幼枝、花枝、果枝均有星状毛。叶集生小枝顶端，椭圆形或长椭圆状椭圆形，全缘。圆锥花序，花顶生、单性同序，雄花较小，在上部，雌花较大，1~3 朵，在下部。果实核果状，单球形或球形。种子近球形。花期 4~5 月。

用途：粮油兼用的经济树木，可作建筑等用材，又是优良的绿化树种。

产地：产于贵州、云南和广西三省区，越南和缅甸也有分布。

图 5-5 蝴蝶果

吊瓜树（图 5-6）

学名：*Kigelia aethiopiea*

科属：紫葳科、吊灯树属

形态特征：常绿乔木。本属植物有 3 种，除吊瓜树外，还有羽叶垂花树（*K.pinnata*）和吊灯树（又称扁吊瓜，*K.africana*），分布于热带非洲，我国广东、云南等省有栽培。吊瓜树株高 10~15m，树干广圆形或馒头形，主干粗壮，周皮厚而光滑，灰褐色。枝条柔韧、半垂，绿色至灰白色。奇数羽状复叶，对生，小叶 3~5 对，长椭圆状矩圆形，长 7~15cm，宽 3~5cm，厚革质，叶面粗糙，深绿色，全缘，幼叶紫红色，叶柄黄绿色。总状花序生于侧枝茎干，下垂，长 40~70cm，具花 10 余朵，花疏生，花萼宽钟形，不规则开裂，花冠管圆柱状，深紫褐色，花期 4~5 月，果圆柱形，不开裂，长 30~60cm，宽约 10cm，重 5~10kg，黄褐色，坚硬，果期 9~10 月。

图 5-6 吊瓜树

吊瓜树的树姿优美,夏季开花成串下垂,花大艳丽,特别是其悬挂之果形似吊瓜,经久不落,新奇有趣,蔚为壮观,是一种十分奇特有趣的高档新优绿化苗木。可用来布置公园、庭院、风景区和高级别墅等处。可单植,也可列植或片植。

吊瓜树的繁殖可采用播种、扦插和压条等方法进行。采用播种繁殖时,一般10~11月将采下的成熟果实敲开,取出种子晾干,翌年3~4月时播种,播种前可浸种催芽,一般催芽后10~15d即可出芽。但是,由于果实坚硬,果肉高度纤维化,人工直接取出种子较困难,可用水浸泡使其自然腐烂后再取出,稍晾干后,直接播种。小苗经2~3年即可定植。

吊瓜树的扦插宜在4~5月生长旺季进行。一般采用1~2年生嫩枝扦插成活率较高。吊瓜树的压条繁殖采用高空压条,压条后,一般2~3个月才能生根,翌年春天再切下移栽。

吊瓜树由于原产热带非洲,喜高温、湿润、阳光充足的环境。生长适温22~30℃。对土壤的要求不严,在土层深厚、肥沃、排水良好的沙质土壤中生长良好。吊瓜树的抗性强,很少发生病虫害。

加拿大红樱 (图 5-7)

学名:*Prunus virginiana*

科属:蔷薇科、李属

产地分布:分布区域较广,除新疆、内蒙古、黑龙江和两广、福建中部往南地区外,其他地区均宜种植。

形态特征:为小乔木,落叶树,株高6~12m,冠幅5.5~7.5m。树干灰褐色。单叶互生,阔椭圆形至倒卵形,4~12.5cm长,叶子2/3处宽,锐尖。新发嫩叶绿色,随后展开逐渐转为紫红色,到夏季叶子上面蓝紫色,下面白色或灰绿色,到秋季叶色又逐渐转变为紫红色。除了叶腋外,其他部分无毛。叶柄1.5~2.5cm长,有腺点。

图 5-7 加拿大红樱

树干灰褐色。芽的颜色为淡棕色。花朵乳白色，总状花序。4月底到5月开花。果实为核果，深红色，成熟后为黑紫色。

生长习性：现在北京、上海、武汉、大连、哈尔滨等地区引种成功，而且表现相当良好，到高温天气能够经受高温干旱的考验，无焦叶落叶现象。其在阳光充足、排水良好的中性土壤生长最好。

园林用途：加拿大红樱分枝较低，一般离地高1.2m左右就开始分枝，因此普遍蓬径较大，色彩变化丰富，花朵乳白、繁密，属观花、观叶园林景观树种，是公园、广场、休闲场所、园林风景景观点区等中很好的点睛树种，将其与金叶小檗、红花檵木等色块小灌木相间配置，在大的格局上整洁明快，而局部则因色彩的规律变化，情随景迁、移情于景的景观效果自然形成。

繁殖方法：目前主要采用种子和嫁接繁殖。
栽培条件：喜阳光充足、排水良好的中性土壤。
常规管理：适当施一些肥料，干旱季节要供水。

山毛榉（图5-8）

学名：*Fagus*
科名：壳斗科
特征：山毛榉的坚果为卵状三角形，这是它与其他属植物最大的区别。落叶性植物，花与叶同时开放。边材白中带红，心材浅红棕到深红棕。北美山毛榉比欧洲山毛榉颜色稍微深一点，比较不均匀。木材一般有通直木纹，纹理细密均匀。

图5-8 山毛榉

主要用途：家具、门、地板、室内细木工产品、拼板、刷柄和圆柱料。因为无臭无味，非常适合用作食物容器。

北美枫香（图5-9）

学名：*Liquidambar styraciflua*
科属：金缕梅科、枫香树属
形态特征：北美枫香树高可达30m，大型落叶阔叶树种。叶片5~7裂，互生，

图 5-9　北美枫香　　　　　　图 5-10　加拿大紫荆

长 10~18cm，叶柄长 6.5~10cm，春、夏叶色暗绿，秋季叶色变为黄色、紫色或红色，落叶晚，在部分地区叶片挂树直到次年 2 月，是非常好的园林观赏树种。

原产地及分布：原产于北美，在美国东南部有大量分布。

生态习性：亚热带的湿润气候树种。喜光照，在潮湿、排水良好的微酸性土壤上生长较好。适应性强，耐部分遮荫，根深抗风，萌发能力强。适生性强，但以肥沃、潮湿、冲积性黏土和江河底部的肥沃黏性微酸土壤最好。种植在山地和丘陵地区均有较好的表现。

生长速度：年生长量 0.6~1m 左右。寿命在 100 年左右。

适生区域：5~11 区（即可耐 -23.4~4.4℃的绝对低温）。

观赏特性及园林用途：可与其他高大树木群栽，也可在大型园林中作为屏障或树篱。因其生长迅速，外观有吸引力，花形独特，是常用的庭院观赏树之一。

繁殖方式：种子繁殖。

园林应用：春夏叶色暗绿，秋季叶色变为黄色、紫色至红色，落叶晚，在部分地区直到次年 2 月仍不落叶，是优良的园林观赏树种，也可作为行道树种。

加拿大紫荆（图 5-10）

学名：*Cercis canadensis*

别名：满条红

科属：豆科、紫荆属

形态特征：加拿大紫荆为小乔木，树高 7~11m，冠幅 7.5~10.5m，主树干短，有几个主要分枝；花期长，4~5月开花，先花后叶，花有玫瑰粉红色、淡红紫色，少有白色；叶片蜡质；荚果7~8月成熟，长5cm，中间宽1.4cm，两端渐尖，荚内有4~5粒种子。种子小，39粒/g。

生长习性：加拿大紫荆抗寒性较强，较耐瘠薄土壤，病虫害少，为北方园林首选观花树种。加拿大紫荆亦是优良的蜜源树种。

园林用途：加拿大紫荆叶大，呈心形，早春先花后叶，新枝老干上布满簇簇紫红花，似一串串花束，艳丽动人。加拿大紫荆宜栽于庭院、草坪、岩石及建筑物前，用于小区的园林绿化，具有较好的观赏效果。喜光，对土壤要求不严，喜肥沃、疏松、排水良好的土壤，萌蘖性强，耐修剪，对氯气有一定的抗性，滞留尘埃的能力较强。为国外广泛采用的精品园林绿化树种。

繁殖培育：加拿大紫荆以种子繁殖为主。种子小，长0.6cm，扁平卵圆形，种皮硬，棕褐色。种子可用温水浸泡12~24h，再在5℃下层积催芽1~2月，即可播种。优良品种需无性繁殖，用丁字形芽接法在7月份芽接。也可用组培法繁殖，扦插很难生根。

黄花风铃木（图5-11）

学名：*Tabebuia chrysantha*

别名：黄金风铃木

科名：紫葳科

原产地：巴西国花，原产墨西哥、中美洲、南美洲。

形态特征：黄花风铃木约4~5m高。掌状复叶，小叶4~5枚，倒卵形，纸质有疏锯齿，全叶被褐色细茸毛。春季约3~4月间开花，花冠漏斗形，也像风铃状，花缘皱曲，花色鲜黄；花季时花多叶少，颇为美丽。果实为蓇葖果，向下开裂，有许多绒毛以利种子散播。

栽培繁殖：可用播种、扦插或高压法繁殖，但以播种为主，春、秋为适期。栽培土质以富含有机质之土壤或沙质土壤最佳。性喜高温，培育适温23~30℃。

图5-11 黄花风铃木

园林用途：行道树、庭园树。黄花风铃木是一种会随着四季变化而更换风貌的树。春天枝条、叶疏，清明节前后会开漂亮的黄花；夏天长叶、结果荚；秋天枝叶繁盛，一片绿油油的景象；冬天枯枝、落叶，呈现出凄凉之美，这就是黄花风铃木在春、夏、秋、冬所展现出的不同的独特风味。

美国红栌（图 5-12）

学名：*Cotinus coggygria atropurpureus*

科属：漆树科、黄栌属

形态特征：为美国黄栌（*Cotinus Coggygra*）的变种类型，又名红叶树、烟树，为落叶灌木或乔木，原产美国。其适应性强，生长旺盛，树形美观大方，叶片大而鲜艳。它是一个综合性状况非常优良的难得的阔叶新树种。

图 5-12 美国红栌

生态习性：适应性强，栽培粗放，耐干旱、贫瘠，酸性、碱性土壤中均能旺盛生长，但不耐水湿。其对二氧化硫有较强抗性。该品种抗病虫能力强，引入三年来，生长季节基本没有病虫危害。

美国红栌生长旺盛，常年苗平均生长量可达150cm，植株高大者可达200~300cm；该品种成枝力强，生长快，一般种一枝能萌发5~6个新枝，年生长量50~100cm，所以容易合成各种树形。

园林应用：美国红栌叶色美丽，三季之中，叶色变化，初春时树体全部叶片为鲜嫩的红色，娇鲜欲滴；春夏之交，叶色红而亮丽，但顶梢新生叶片始终为深红色，远看之色彩缤纷；而入秋之后随着天气转凉，整体叶色又逐渐转变为深红色，秋霜过后，叶色更为红艳美丽；入冬前美国红栌叶片红叶时间长于普通黄栌，观景时间更长。美国红栌夏季开花，有时一年两次，枝条顶端花序絮状鲜红，观之如烟似雾，美不胜收，故有"烟树"之称。

美国红栌的独特色彩、生长特性及适生性优于现应用于园林中的紫叶李、红叶桃、美人梅、紫叶小檗等彩叶树种，它不但是城市及公园绿化的理想彩色植物材料，也是荒山、厂矿绿化、美化、净化的优良树种。

北方红栎（图 5-13）

图 5-13　北方红栎

学名：*Quercus rubra*

科属：壳斗科、栎属

形态特征：落叶乔木，树高 18~22.5m，最高的可达 30m，冠幅 18~22.5m，胸径 61~91cm。幼树形为卵圆形，随着树龄的增加，树形渐变为圆形。叶片椭圆形，7~11 裂，长 11.5~21.3cm，叶宽 10~15cm，叶暗绿色，有光泽，对生，叶柄长 2.5~5cm。秋季叶色逐渐变为粉红色、亮红色或红褐色。北方红栎是全日照乔木，充足的光照可以使其在秋季叶色更加鲜艳。嫩枝呈绿色或红棕色，第二年转变为灰色。雄性柔荑花序，花黄棕色，下垂 4 月底开放。果实为坚果，长 1.8~2.5cm，棕色。

分布与习性：北方红栎原产于美国东部，分布于亚洲、非洲、欧洲和美洲。

北方红栎属于深根性树种，耐瘠薄，萌蘖能力强。喜沙壤土、硅质黏土或排水良好的微酸性土壤，耐环境污染，对贫瘠、干旱、不同酸碱度的土壤适应能力强。耐阴能力中等，喜光照，在林冠下生长不良。

繁殖与栽培：种子繁殖。在潮湿、排水良好的土壤上每年可生长 40~50cm。

生长区域：3~9 区（即可适应 -40~-1.2℃的绝对低温）。

园林应用：在北美地区和欧洲，北方红栎因冠幅大、干形好、树冠匀称、枝叶稠密、叶形美丽、色彩斑斓且秋冬季叶片仍然宿皱枝头等特点而被广泛栽植。它可在草地、公园、高尔夫球场等地用作遮荫树种，也可在街道的两侧作行道树，而且特别适合在城市森林和公园绿地绿化中大面积栽培。北方红栎还具有生态价值，可用于多种立地恢复。

蓝杉（图 5-14）

学名：*Picea pungens*

科属：松科、松属

原产地：原产北美。

形态特征：常绿树种。株高 9~15m，冠幅 3~6m。树形为柱状至金字塔状，结构紧凑。定植后每年可生长 30 多厘米，但移植后的几年生长会慢一些。新发的小

图5-14 蓝杉

图5-15 日香桂

叶柔软簇生,之后变成或尖或钝的硬针。叶片不足5cm长,蓝色或蓝绿色。花绿色、橘黄色或紫色。当年生小枝为棕褐色。

生长特性:喜欢较为凉爽的气候,湿润、肥沃和微酸性土壤,要求光照充足。耐旱和耐盐能力中等,忌高热和污染。

日香桂(图5-15)

日香桂是桂花家族中花最香、花期最长、生长速度最快的新品种。壮枝当年能长1m以上,其花开时,满树橙黄、银白,簇簇繁花,香气四溢,沁人心脾。日香桂极其显著的优点是:花茎伸出绿叶,能常年有花,并花开不断。其花芽能不断分化,并具有春芽嫩枝即开花、木质化老枝也能够密生花蕾并开花的奇异特征。由此保证了日香桂开花的长时性和花开的连续性。当年生二叶小苗即开花,是普通桂花所难以比拟的。且适应性好,耐寒耐旱,易栽易活。

用途:其不仅可作家庭盆栽欣赏,还可作大规模的园林、道路、小区行道的绿化种植,四季常绿,树形丰满优美,花香宜人,是一种花、叶、枝干均可观赏的名贵花木。日香桂有如此多的显著优点,真可谓是桂花中的珍品,是其他品种无法相比的,所以市场上有些人以四季桂、月桂等充作日香桂,切勿上当。从花香的浓淡、开花的状态以及叶片枝条的样子,还是容易识别的。

栽培管理:日香桂喜光照且耐阴,土质以透水性好的松土为宜,喜肥,喜湿润,因其生命力强,耐寒耐旱,易栽易活,很少病虫害,故无需精心护理。我国的南方和北方均可大批量引种和栽培。

日香桂在目前市场供不应求,因而极具经济价值和开发潜力。

图 5-16　复叶槭　　　　　图 5-17　苏格兰金链树

复叶槭（图 5-16）

品种特点：株高可达 8m，树冠近圆形，冠幅 8m。奇数羽状复叶，长 20cm 或更长，具 3~7 枚小叶，卵形，淡绿色，长达 10cm，叶尖，在秋季变为黄色。叶面有宽的粉红色缘带，在夏季变为白色。枝条顶部的叶片斑纹更为明显。在阳光下宛若一群火烈鸟栖于枝端，形与色都十分奇妙，是槭树类观叶树种中较为特殊的一种。总状花序，花黄绿色，雌雄异株，早春时先叶开放，亮红色的核果于夏末时节成熟。

习性：强健、耐寒，喜凉爽、湿润的气候，喜光，亦能耐阴。

应用指南：可孤植于庭园或丛植于水边、草坪、林缘、路边、墙垣等。

苏格兰金链树（图 5-17）

学名：*Laburnum alpinum*

英文名称：Scotch Laburnum

科名：蝶形花科

形态特征：落叶灌木或小乔木，树高 3.5~7m，冠幅 2.5~5.4m，花枝长 25~40cm。黄色花，下垂的圆锥花序，晚春至夏初开放，清芳香，每当干燥季节来临时，金链花会在树梢开满像瀑布般的黄橙花朵，因而获得此美名。叶互生，三出复叶，卵形或微倒卵形，叶长 3.8~7.5cm，叶色深绿，叶柄长 2.5~5cm。荚果长 5~7.5cm，9~10 月成熟，种子棕色。生长速度中等，每年可长 30~50cm。适用于园林造景，适合植于长江流域及华北地区。

繁殖：扦插繁殖。移栽成活率高，苏格兰金链树根部产生根瘤菌，具有固定大气中氮元素的能力，可明显促进树木的生长。苏格兰金链树用种子繁殖，播种深度 0.6cm，苗床要覆盖。

生态习性：喜潮湿、排水性良好的酸性土壤。耐寒、耐空气污染能力强。

二、灌木新品

金森女贞（图 5-18）

学名：*Ligustrum japonicum* 'Howardii'

别名：哈娃蒂女贞

科属：木犀科、女贞属

分布：原种分布于日本关东以西，本州、四国、九州及中国的台湾。在华东、华南、华中都适宜栽植。

形态特征：常绿灌木或小乔木。叶厚且具革质，明亮光泽；春季新叶鲜黄色，至冬季转为金黄色，部分新叶沿中脉两侧或一侧局部有云翳状浅绿色斑块，色彩明快悦目；节间短，枝叶稠密。

图 5-18　金森女贞

生态习性：喜光、耐旱、耐寒，在酸性、中性和微碱性土中，均可生长，自然生长在暖地的山地。

园林用途：生长迅速，萌芽力强，叶色金黄，树形美观，是优良的绿篱树种。金森女贞与红色系植物配植，可起到锦上添花的美化效果。日本女贞系列彩叶新品，其观叶、观花和观果兼有，很有开发前景。

繁殖方式：扦插繁殖。

哈娃蒂女贞作为近年来园林绿化色块的热销品种，在市场上占有重要的地位。为木犀科女贞属的常绿小乔木，具有一般女贞的共同特点，喜温暖，在微酸性的土壤条件下，生长非常快，生长期需肥大；但在沙性较重、肥力差的土壤条件下生长差。原产于日本，所以比较耐寒，温度越低新叶的金黄色越明显。同时其耐热性强，35℃以上高温不会影响其生态特性和观赏特性，金叶期长，以春、秋、冬三季金叶占主导，是未来的金色主流。

马醉木（图5-19）

学名：*Pieris japonica*（Thunb.）D.Don ex G.Don

英文名：Japan Pieris

科名：杜鹃花科

形态特征：灌木或小乔木，高约4m；树皮棕褐色，小枝开展，无毛；冬芽倒卵形，芽鳞3~8枚，呈覆瓦状排列。

生态习性：常绿灌木，喜湿润、半阴环境，耐寒，怕强光暴晒，喜肥沃、土层深厚、排水良好的壤土，喜疏松、肥沃的腐叶土。

观赏特点：株形优美，叶片色彩诱人。

园林应用：盆栽观赏。

红叶石楠（图5-20）

学名：*Photinia×fraseri*

别名：红罗宾、叶酸石楠

科属：蔷薇科、石楠属

形态特征：蔷薇科石楠属杂交种，为常绿阔叶小乔木或多枝丛生灌木。单叶

图5-19 马醉木

图5-20 红叶石楠

轮生，叶披针形到长披针形，长 6~10cm，宽 3~4cm，新梢及新叶鲜红色，老叶革质，叶表深绿具光泽，叶背绿色，光滑无毛。顶生伞房圆锥花序，长 10~18cm。小花白色，约 0.8cm，花期 4~5 月。梨果红色，直径 0.6~0.8cm，果期 8~12 月。

生态习性：红叶石楠有很强的生态适应性，耐低温，耐土壤瘠薄，也有一定的耐盐碱性和耐干旱能力，在微酸、微碱土壤中均生长良好；抗逆性强，适生范围广，从黄河以南至广东均可正常生长，病虫害较少，与我国的原生石楠相比表现出较强的杂交生长优势。性喜强光照，也有很强的耐阴能力，但在直射光照下，色彩更为鲜艳。同时对二氧化硫、氯气具有较强的抗性；生长速度快，萌发率高，枝多叶茂，极耐修剪。

观赏应用：①观叶。为红叶石楠的主要观赏点，每次抽出的新梢均能呈现红色，只是红色程度稍有差异，以春秋嫩叶红色更为艳丽夺目，时间更为持久，片植时如熊熊火焰；篱植时如条条火龙，极具生机与喜庆；孤植时更是画龙点睛，具有万绿丛中一点红的效果。逢年过节时，如在居室内摆上一盆在温室中培育的红叶石楠，定会使幸福的家庭满室生辉，增添不少喜庆气氛。②观花、观果。夏初白花点点，秋末赤果累累，并且挂果期较长，秋冬时节绿叶、红果，或绿叶、红叶、红果相间，真是妙不可言，如果有雅兴，不妨制作观果盆景，岂不乐哉！③观形。红叶石楠树冠端整，孤植时不加修整也能形成饱满的圆球树冠，因其枝繁叶茂，叶片油绿，也极具观赏性。如果结合造型则更为丰富，如高干球形、柱形及其他多种几何形状，因其分枝能力强，很适合进行各种修剪造型，能满足各种场合的需要。④造势、引导和隔离。

蓝冰柏（图 5-21）

学名：*Cupressus glabra Blue Ice*

科属：柏科、柏木属

形态特征：垂直、整洁且紧凑的锥形松柏科植物，常绿乔木树种。生长迅速，全年树叶呈迷人的霜蓝色。适用于隔离树墙、绿化背景或树木样本。生长 10 年后高度约达 5~8m。

生态习性：能适应多种气候及 pH 5.0~8.0、

图 5-21　蓝冰柏

疏松、湿润的土壤条件。要求排水性较好，适宜温度为 −25~35℃。

景观应用：蓝冰柏树姿优美，可孤植或丛植，是欧美传统的彩叶观赏树种，常绿，极耐寒。由于其株形垂直，枝条紧凑且整洁，整体呈圆锥形。白天呈现高雅脱俗、迷人的霜蓝色，夜里若配上五颜六色的灯光，则扑朔迷离，是圣诞树的首选树种，同时还可用于大型租摆和公园、广场等场所。

银焰火棘（图 5-22）

学名：*Pyracantha atalantioides*

形态特征：银焰火棘为常绿小乔木，叶椭圆形或长圆形，先端微尖或圆钝，基部宽楔形或圆形，叶全缘或具不明显细齿，幼时被黄褐色毛，老时无毛，上面具光泽，下面微被白粉，叶脉明显。复伞房花序，花梗及萼被黄褐色柔毛。花瓣卵形，先端微尖，具短爪。果亮红色。花期 4~5 月，果期 9~11 月。

图 5-22　银焰火棘

适栽地区：华东、华南、华中、西南等地区。

园林应用：绿篱、片植或群植。

桃叶珊瑚（图 5-23）

学名：*Aucuba japonica*

英文名：Japanese Aucuba

别名：青木、东瀛珊瑚

科名：山茱萸科

形态特征：常绿灌木。小枝粗圆。叶对生，薄革质，椭圆状卵圆形至长椭圆形，先端急尖或渐尖，边缘疏生锯齿，两面油绿有光泽。圆锥花序顶生，花小，紫红或暗紫色。花期 3~4 月。果鲜红色。果熟期 11 月至翌年 2 月。

图 5-23　桃叶珊瑚

繁殖及栽培要点： 常用扦插繁殖，宜在梅雨期间进行。插条用半木质化的枝条，基质要疏松、排水良好。也可播种繁殖，种子宜随采随播。移栽宜在春季或雨季进行。

应用价值： 桃叶珊瑚是优良的室内观叶植物，宜盆栽或庭院中栽植。其枝叶可用于插花。

红叶连蕊茶（图 5-24）

学名： *Camellia trichoclada*（Rehd.）Chien 'Redangel'
别名： 红叶山茶
科属： 山茶科、连蕊茶属
产地分布： 原种原产中国，一般是绿叶红芽。经过选育，产出叶片全部为红叶的园艺品种。
形态特征： 红叶连蕊茶属于山茶科植物，原产中国南方海拔 200~1500m 的山区。灌木，多分枝，高约 1m。小枝纤细，黄褐色，密被能宿存 3 年的长柔毛，毛长远超过当年小枝之直径。叶片小，薄革质，两列状排列，卵形至椭圆状卵形，长 1.2~2.5cm，宽 0.6~1.3cm，先端钝尖而微凹，基部圆形或微心形，边缘具细钝锯齿。花 1~2 朵，顶生或腋生，花较小、粉红色，直径 2~2.5cm，具长 1~3mm 的花梗。苞片 4~5，萼片 5 枚，卵形、宽卵形至圆形，均无毛或边缘具微小睫毛。花瓣 5~6 片，长 0.8~1.5cm，基部连生。雄蕊约 20~30 条。花丝无毛，外轮花丝与花冠基部合生部分外，下半部连成短管。子房无毛。花柱长 8~11mm，无毛，顶端分裂。本种叶片特小而密，两列状排列，花较小，白色，可供观赏。
生长习性： 20 世纪 90 年代开始引种驯化，一般为绿色，初生幼叶为红色。目前已经选育出两个红色和紫色变种，表现稳定。红色变种，有光照的地方叶片都是亮丽的红色。紫叶品种叶片常年紫红色。目前在上海、北京、大连等地的试验中，红叶连蕊茶均表现得很出色。
繁殖培育： 扦插。
园林用途： 适合作绿篱。

图 5-24　红叶连蕊茶

图 5-25　银边六月雪

图 5-26　花叶锦带花

银边六月雪（图 5-25）

学名：*Serissa japonica* cv.Variegatus

生态特征：金边六月雪为六月雪的变种。又称白马骨、满天星，茜草科常绿或半常绿矮小灌木。丛生，分枝繁多，嫩枝有微毛。单叶对生或簇生于短枝，长椭圆形，长 0.7~1.5cm，叶绿金黄色，被毛。花单生或数朵簇生，白色或淡粉紫色，花期 5~6 月。

园林应用：银边六月雪树形纤巧，枝叶扶疏，夏日盛花，宛如白雪满树，玲珑清雅。经造型其干虬曲，悬根露爪，老态横生，具有极高的观赏价值，深受人们的喜爱。

花叶锦带花（图 5-26）

学名：*Weigela florida* 'Variegata'

科属：忍冬科、锦带花属

形态特征：花叶锦带花是落叶灌木，株丛紧密，株高 1.5~2m，冠幅 2~2.5m，叶缘乳黄色或白色，花期 5 月上旬，花粉色，极其繁茂。同属种有：红王子锦带（*W.* 'Red Prince'）、双色锦带（*W. carnaval*）、小锦带（*W. florida* 'Minuet'）。

生态习性：花叶锦带花抗寒、耐旱、喜阳光，适生温度 15~30℃，不择土壤，中性土、沙壤土均能生长。

繁殖及栽培管理：锦带花常用扦插、分株、压条法繁殖，为选育新品种可以采用播种繁殖。休眠枝扦插在春季 2~3 月露地进行；半熟枝扦插于 6~7 月在荫棚地进行，成活率都很高。种子细小而不易采集。栽培容易，生长迅速，病虫害少，花开 1~2 年生枝上，故在早春修剪时，只需剪去枯枝或老弱枝条。

园林应用：是观叶、观花的好材料，常密植作花篱，丛植、孤植于庭园中。

金边扶芳藤（图 5-27）

学名：*Euonymus fortunei* 'Emerald Gold'

科属：卫矛科、卫矛属

图 5-27　金边扶芳藤

形态特征：是从欧洲引入的优良观叶地被新品。常绿灌木（藤状）。叶卵形，有光泽，镶有宽的金黄色边，因入秋后霜叶为红色，又称落霜红。金边扶芳藤生长强健，分枝多而密。其叶春季鲜黄色，老叶呈金黄色。其枝呈匍匐状，形成的色块植物较低矮，又耐修剪，除了作为优秀的地被植物外，还是拼栽低矮耐修剪色块的好材料。

繁殖方式：扦插繁殖，成活率高，长势强健，对土壤的适应性广，四季均可扦插。

应用前景：金边扶芳藤能节节生根，故又是较好的护坡地被，因其有金叶色彩和常绿的特点，在地被配植中，可与宿根福禄考、火焰花、萱草等配植，弥补冬季枯萎之不足。可与常绿地被植物麦冬、葱兰等配植，显示较好的色彩。还可用于垂直绿化，其藤蔓节部有气根，能附着于树干、石块和墙土等上，向上或向下生长，也可用于盆栽观赏。

六道木（图 5-28）

学名：*Abelia biflora*

科属：忍冬科、六道木属

生态习性：常绿灌木，包括金叶大花六道木、金边大花六道木、粉红六道木及"矮美人"大花六道木，花自 5 月至 10 月络绎不绝，略带芳香，金黄色叶和白中带粉的花朵非常优美，是目前替代金叶女贞等黄色系列灌木的优良品种，耐低温和高

图 5-28　六道木

温。金边大花六道木喜温暖湿润气候、中性偏酸性土壤，要求排水良好、肥沃疏松。

形态特征：金边大花六道木是既可观花又可赏叶的优良彩叶花灌木品种。在长江中下游地区为半常绿灌木。

紫金牛（图5-29）

学名：*Ardisia japonica*

科属：紫金牛科、紫金牛属

形态特征：常绿小灌木，是一味中草药。株高10~30cm，叶片近革质，叶面绿色光亮，背面淡绿色。6~9月份开花，花小，白色或粉红色。果期8~12月，熟时红色，经久不落，颇为美观。

紫金牛可播种和分株、扦插繁殖。因其多生于林下、谷地、溪旁等阴湿环境，极耐阴，是阴湿环境的优良观叶地被植物。多用于片林下、灌丛中阴湿处，是城市立交桥、高架桥下的地被新宠。

金山绣线菊（图5-30）

学名：*Spiraea bumalda* cv. Gold Mound

形态特征：落叶小灌木，高达30~60cm，冠幅可达60~90cm。老枝褐色，新枝黄色，枝条呈折线状，不通直，柔软。叶卵状，互生，叶缘有桃形锯齿。

花蕾及花均为粉红色，10~35朵聚成复伞形花序。花期5月中旬至10月中旬，盛花期为5月中旬至6月上旬，花期长，观花期5个月。3月上旬开始萌芽，新叶金黄，老叶黄色，夏季黄绿色。

图5-29 紫金牛

图5-30 金山绣线菊

水果蓝（图 5-31）

学名：*Teucrium fruitcans*

别名：灌丛石蚕

科属：唇形科、石蚕属

产地分布：原产于地中海地区及西班牙。

形态特征：水果蓝为香料植物，属常绿小灌木，高可达 1.8m。叶对生，卵圆形，长 1~2cm，宽 1cm。小枝四棱形，全株被白色绒毛，以叶背和小枝最多。春季枝头悬挂淡紫色小花，很多也很漂亮，花期 1 个月左右。叶片全年呈现出淡淡的蓝灰色，远远望去与其他植物形成鲜明的对照。

生长习性：水果蓝对环境有超强的耐受能力，这也是它广受欢迎的原因。植物的生长在很大程度上受到环境中土壤、水分和温度的制约，而这些对水果蓝来说，似乎不成问题。它的适温环境在 -7~35℃，可适应大部分地区的气候环境；对水分的要求也不严格，据资料，即使整个夏季都不浇水，它也能存活下来；对土壤养分的要求很低，只要排水良好，哪怕是非常贫瘠的沙质土壤也能正常生长。正因为水果蓝有了这样的能力，所以它能在环境多变的欧亚大陆遍地生长。

园林用途：它既适宜作深绿色植物的前景，也适合作草本花卉的背景，特别是在自然式园林中种植于林缘或花境中是最合适不过的了。水果蓝与众不同的是它奇特的叶色。水果蓝的萌蘖力很强，可反复修剪，所以也可用作规则式园林的矮绿篱。不管如何运用，它都丰富了园林的色彩，为庭院带来一抹靓丽的蓝色。

图 5-31 水果蓝

三、地被新品

常见地被植物主要包括以下几类：

香草类：包括薰衣草、银香菊、牛至、百里香、花叶薄荷等，长势旺盛，扦插易成活。除具有较高的观赏价值外，还有杀虫、驱蚊和保健之功效，特别适合庭院别墅、百草园、教学基地和医疗等单位的美化、绿化、香化。

观赏草类：以禾本科禾亚科植物为主，包括蒲苇、矮蒲苇、金叶苔草、玉带草、花叶燕麦草、血草、玉带草、斑叶芒、紫穗狼尾草、晨光芒等，抗干旱、耐盐碱、耐水湿、生长强健、分蘖力强，可用于坡地、湿地、河边、岩石旁栽植，别具野趣，与传统园林形成强烈的视觉对比。

蕨类植物：包括鳞毛蕨、贯众、凤尾蕨、肾蕨等，喜阴，喜湿润气候，可栽于光线微弱的密林下，具自然野趣之风格。

山麦冬（图 5-32）

学名：*Liriope spicata*（Thunb.）Lour

形态特征：又名兰花三七，百合科山麦冬属，多年生常绿草本。根状茎短粗，具地下横生茎。叶线形、丛生，稍革质，基部渐窄并具褐色膜质鞘。叶长 25~60cm，宽 4~8mm，先端急尖或钝，基部常包以褐色的叶鞘，上面深绿色，背面粉绿色，具 5 条脉，中脉比较明显，边缘具细锯齿。花葶自叶丛中抽出，长于或等长于叶，少数短于叶，总状花序，花淡紫色或近白色。浆果圆形，蓝黑色。花期 5~7 月，果期 8~10 月。

图 5-32　山麦冬

兰花三七叶形常绿，植株较挺立，紫色穗状花序，叶色翠绿，株形整齐，多用于庭院角隅、公园风景区林下、行道树下，宜作花坛、花境的镶边材料，成片栽植于疏林下、林缘、建筑物背阴处或其他隐蔽裸地，适用于城市绿化中乔、灌、草的多层栽植结构。

生态习性：产浙江安吉、余姚一带，分布于中国南北各地及日本、越南。常见于 50~1400m 的山坡、山谷、林下、路旁或湿地。喜湿耐阴，忌阳光直射，对土壤要求不严，以湿润肥沃为宜。在长江流域终年常绿，北方地区可露地越冬，但叶枯萎，次年重发新叶。

繁殖方法：常见分株或播种繁殖。春季3~4月分栽，分栽前后要保持土壤湿润。于10月果熟时采收下即播或春播，50d左右出苗，出苗率达到80%，出苗后培育一年即可用于园林工程。

火炬花（图5-33）

学名：*Kniphofia uvaria*

形态特征：百合科火把莲属多年生草本植物，株高80~120cm。茎直立。叶线形。总状花序着生数百朵筒状小花呈火炬形，花冠橘红色，花期6~7月。蒴果黄褐色，果期9月。多年生宿根草本植物。

生长习性：火炬花喜温暖湿润阳光充足的环境，也耐半荫。要求土层深厚、肥沃及排水良好的沙质壤土。较耐寒。

图5-33 火炬花

繁殖方法：常用分株和播种繁殖。

播种法：春、夏、秋三季均可进行，通常在春季（3月下旬~4月上旬）和秋季（9月下旬~10月上旬）进行，也可随采随播。自然温度播种的，第二年就能开花。播前先将地整理，施足底肥再深翻，然后耙平，开沟深度2~3cm，进行条播，覆土，浇足水分，用稻草或塑料薄膜覆盖，保持湿度，10~15天即可出芽。也可用育苗盆育苗，用疏松的栽培基质（如蛭石）播种，覆盖2cm的基质，浇水后用塑料薄膜覆盖，放于背风向阳处，10余天后可发芽。当苗长至3~4片真叶时可进行一次间苗或移栽，通常播种苗第一年较小，不开花，第二年开春生长量明显增大，并产生花茎，开花3~5支。多年生的火炬花一株可产花10~17支。

分株繁殖法：火炬花生长三年，一株丛可产生十几个蘖芽，造成生长拥挤，通风不良，需要及时分株。分株多在秋季进行，时间可选择在秋季花期过后，先挖起整个母株，由根颈处每2~3个萌蘖芽切下分为一株进行栽植，并至少带有2~3条根。株行距30~40cm，定植后浇水即可。地栽后必须加强水肥管理，第二年即可抽出2~3个花莛。翌年正常开花生长。分株繁殖方法简便，简易成活，不影响开花但繁殖量小。

播种法繁殖,发芽适温约25℃,14~20天出苗。1月温室播种育苗,4月露地定植,当年秋季可开花。春、秋季将蘖芽带根分切栽植,可独立成株。栽培地应施用适量腐熟有机肥,株行距30cm×40cm。

地栽,要施足基肥。栽后及时浇水,春、夏季生长旺盛期,每月施肥1次。开花前要浇透水,保持土壤湿润。花后可减少浇水,初霜后老叶尖端变红或枯萎,但仍保持常绿。冬季用干草或肥土覆盖地面以防冻害。

园林用途:优良庭园花卉,可丛植于草坪之中或植于假山石旁,用作配景,花枝可供切花。挺拔的花茎高高擎起火炬般的花序,壮丽可观。可丛植于草坪之中或植于假山石旁,用作配景,也适合布置多年生混合花境和在建筑物前配置。

新优观叶地被——银边山菅兰(图5-34)

学名: *Dianella ensifolia* cv. White Variegated

银边山菅兰为百合科山菅兰属园艺栽培品种。多年生观叶草本地被植物。根状茎横走,结节状,节上生纤细而硬的须根。茎挺直,坚韧,近圆柱形。叶长30~60cm,宽1~2.5cm,线状披针形,近基生,2列,叶片革质,边缘淡黄色。花葶从叶丛中抽出,圆锥花序长10~30cm;花一般夏季开放,淡紫色、绿白色至淡黄色,小花梗短,苞片匙形,花被裂片6,2轮,披针形,雄蕊6,子房上位,花柱线状。浆果紫蓝色。花果期7~11月。可配植于路边、庭院和水际作点缀观赏。近年来,杭州、上海等地区开始应用,具有株形美观、生长势强、少病虫害等特点,是值得推荐的多年生观叶地被。

栽培管理:银边山菅兰耐阴,在半阴处生长良好,但对开花结果有影响。对土壤的适应性强,花期很长,从7月上旬至11月均能开放,8月为盛花期,花期过后及时除去花葶,免去不必要的营养消耗,并及时剪除带病残叶。较耐寒,能够常绿越冬,是冬季难得的观叶地被。第二年的早春,应适当疏剪,除去老叶、带病叶,有利于新叶的萌发。一般情况下,种植三年以上,应进行分株,从

图5-34 银边山菅兰

第五章　苗木新秀

而有利于更好地生长。抗病虫能力强，很少发生病虫害。

观赏价值：7月开花，圆锥花序长达30cm，叶片可终年常绿，线状披针形的叶片白绿相间，在微风吹拂下，颇具动感。既可单株种植，点缀山石驳岸；又可成片种植，勾画草坪、树池边界；还可以作为过渡地带，连接精致的花园与自然粗放的草地。总之，养护管理粗放、种植景观效果颇佳，是值得推荐的优良观叶地被。

图 5-35　大吴风草

大吴风草（图 5-35）

学名：*Farfugium japonicum*（Linn.f.）Kitam.

科属：菊科、大吴风草属

形态特征：多年生常绿草本植物。叶亮绿色有光泽，晚秋开花，花黄色。喜半阴和湿润环境，怕阳光直射，耐寒，在江南地区能露地越冬。

常用分株繁殖，结合春季翻盆换土，脱盆后抖去宿土，将株丛分成3~4份，分别上盆。也可露地栽培，栽后管理可较粗放，冬季地上部枯死，翌春会自行发芽展叶。还可用种子播种繁殖，于每年早春播种于苗床，出苗后再移植上盆。苗期不能太湿，否则易得病。

适宜大面积种植，作林下或立交桥下地被，也可用于林边阴湿地、溪沟边、岩石旁等。

园林应用：配植于建筑物的北面，尤其是高层建筑物的北面；配植于毛竹林、枫香林或落叶常绿混交林中，作为风景林的地被；配植于岩石墙北面，或建筑墙垣的背光角落；配植于高架、立交桥下面，构成耐阴观花地被。

玉簪（图 5-36）

学名：*Hosta plantaginea*

科属：百合科、玉簪属

形态特征：多年生宿根草本植物。叶肥大奇特，叶面光亮翠绿，花葶挺立于

215

图 5-36 玉簪

图 5-37 佛甲草

叶丛之上，花叶俱美，7~9月开花，花白如碧玉，有香气，是美丽素雅的夏季观赏花卉。

繁殖方式：播种和分株法繁殖。早春2~3月即可播种，播种苗生长缓慢。分株繁殖是玉簪繁殖的主要方法，春秋季均可。

生态习性：喜阴湿的环境，受强阳光照射会使叶绿素遭受破坏，叶片发黄，叶的边缘干焦。

园林用途：园林中最适合植于片林下，或植于建筑物庇荫处（北侧）以衬托建筑，或配植于岩石边，也可盆栽。

佛甲草（图5-37）

学名：*Sedum lineare* Thunb. T

科属：景天科、景天属

生态习性：多年生常绿肉质草本。株高10~20cm，茎纤细，直立或斜生，基部节上生不定根。叶3枚轮生；叶片线状披针形，叶色在阴处为绿色，全光照下为黄绿色，秋后稍变红。聚伞花序顶生，常有2~3分枝，花黄色，花期5~6月。我国西北、华东、中南、云贵川等地有分布，日本也有。常生于草丛中、阴湿的岩石上。抗逆性强，耐高温、干旱、严寒，耐盐碱性较强。光照和半阴下都能健壮成长，不择土壤。

繁殖方式：扦插或分株繁殖。春、夏、秋三季均可进行，成活率95%以上。$1m^2$佛甲草采用扦插繁殖一年可扩繁至$20m^2$。栽培管理极其简单,且无病虫害发生。

叶形秀丽，花色优雅，四季常绿，抗逆性强，是值得大力推广应用的观花、观叶地被植物。宜作花坛、花境的底色或道路两侧的镶边材料，可布置于庭院假山、石隙间，任其垂挂点缀山石；也可作林下地被植物或屋顶绿化；可作底色与多种地被植物混合种植。

地稔（图 5-38）

学名：*Malastoma dodecandrum* Lour

科属：野牡丹科、野牡丹属

地稔是一种优良的、值得推广应用的野生观花地被植物。

形态特征：又称铺地锦，为野牡丹科野牡丹属的匍匐状灌木。株高仅 10~30cm，多分枝，下部逐节生根；叶片青绿，椭圆形或卵形，先端急尖或圆钝，基部宽楔形至圆形，边缘具细圆锯齿或近全缘。聚伞花序有花 1~3 朵，基部具 2 片叶总苞；花瓣淡紫红色至紫红色，菱状倒卵形，五枚镰状花药与花丝相映成趣。花期长，几乎可全年开放，果红色，稍肉质，可与花同赏，并且清甜可口，成熟果亦可食用。

图 5-38 地稔

生态习性：多产于我国长江以南地区，分布较广，如贵州、湖南、广西、广东、江西、浙江、福建等省，自然生长于海拔 1250m 以下的山坡矮草丛中。生长习性极为强健，耐旱、耐贫瘠，喜半阴，且在全光照下生长良好。有一定的耐寒性，在华南地区没有明显的枯黄期或休眠期，冬季不仅枝叶不枯，而且枝、叶、花、果呈现出最为斑斓的色彩。

应用前景：地稔野趣天成，生存适应性强，生长速度快，并由于其耐旱、耐贫瘠、耐粗放管理的特点，适宜作先锋种植材料，尤其是地稔自然生长于坡地、石崖，是适应边坡绿化不可多得的材料，也可布置于林缘、路缘，配置于岩石园等，在现代城市建设、道路边坡绿化中充分体现乡土气息与自然韵味。

参考文献

[1] 周维权. 中国古典园林史 [M]. 北京：清华大学出版社，1999.
[2] 金学智. 中国园林美学 [M]. 北京：中国建筑工业出版社，2005.
[3] 陆琦. 岭南造园与审美 [M]. 北京：中国建筑工业出版社，2005.
[4] 章采烈. 中国园林艺术通论 [M]. 上海：上海科学技术出版社，2004.
[5] 李建龙等. 城市生态绿化工程技术 [M]. 北京：化学工业出版社，2004.
[6] 上海市绿化管理局主编. 上海园林绿地佳作 [M]. 北京：中国林业出版社，2004.
[7] 沈国抚. "树和"——谈网师园的植物配置 [J]. 森林与人类，1995，(6)：35.
[8] 李海舰，黄春华. 个园植物配置艺术的探讨 [J]. 中国园林，1994，(1)：7-9.
[9] 冯羽. 品读留园 [J]. 建筑，2006，(5)：78-79.
[10] 叶铭和，彭重华. 岭南明清私家园林植物配置艺术及其根源浅析——以佛山梁园为例 [J]. 湖南林业科技，2005，(3)：47-48.
[11] 李春娇，贾培义，董丽. 恭王府花园植物景观分析 [J]. 中国园林，2006，(5)：83-88.
[12] 陈继福. 追求古朴 体现自然——谈清代避暑山庄植物配置艺术特色 [J]. 中国园林，2003，(12)：19-22.
[13] 陆琦. 余荫山房 [J]. 广东园林，2006，(4)：23.
[14] 俞孔坚. 足下的文化与野草之美——中山岐江公园设计 [J]. 新建筑，2001，(5)：17-20.
[15] 黄时达，王庆安，钱骏，任勇. 从成都市活水公园看人工湿地系统处理工艺 [J]. 四川环境，2000，(2)：8-12.
[16] 洪承恩. 中国亟待建立"国花大军"——访中科院院士、花卉专家陈俊愉 [J]. 中国林业，2001，(12)：12-13.
[17] 李飞. 1960年代以来的当代园林流派 [J]. 城市规划学刊，2005，(3)：95-102.
[18] 欧阳东，张静. "反规划"与"白话城市"——访景观设计专家俞孔坚教授 [J].

城乡建设, 2004, (6): 39-41.

[19] 杨紫, 夕冉. 老骥伏枥志千里——记建设部建设规划研究所风景园林总设计师孙筱祥 [J]. 城乡建设, 1995, (1): 39-40.

[20] 魏丽娜. 孟兆祯: 谱写"凝固音乐"的人 [J]. 今日中国(中文版), 2005, (8): 81.

[21] 赵惠恩. 花卉园艺专家—中国工程院院士陈俊愉教授 [J]. 植物学通报, 2001, (5): 631-632.

[22] 黄兴军, 周禾, 严学兵. 城市园林节水灌溉技术的应用现状及发展趋势 [J]. 四川草原, 2005, (6): 28-31.

[23] 孟君, 巴图朝鲁, 王小柱, 白俊魁. 液压喷播技术在高速公路护坡工程中的应用 [J]. 山东林业科技, 2005, (5): 40.

[24] 刘武, 廖海坤. 三维网边坡喷播技术在广惠高速公路的应用试验 [J]. 广东园林, 2005, (3): 15-18.

[25] 尹公主编. 城市绿地建设工程 [M]. 北京: 中国林业出版社, 2001.

[26] 徐峰主编. 城市园林绿地设计与施工 [M]. 北京: 化学工业出版社, 2002.

[27] 贾建中主编. 城市绿地规划设计 [M]. 北京: 中国林业出版社, 2001.

[28] 胡长龙主编. 园林规划设计 [M]. 北京: 中国农业出版社, 2002.

[29] 封云, 林磊编著. 公园绿地规划设计 [M]. 北京: 中国林业出版社, 2004.

[30] 郭淑芬, 田霞编著. 小区绿化与景观设计 [M]. 北京: 清华大学出版社, 2006.

[31] 杨永胜, 金涛主编. 现代城市景观设计与营建技术 [M]. 北京: 中国城市出版社, 2002.

[32] 杭州市建设委员会, 杭州市人事局编著. 园林工程实务 [M], 2007.

[33] 杭州市园林文物局, 杭州市劳动和社会保障局编著. 园林绿化 [M]. 浙江: 浙江科学技术出版社, 2005.

图书在版编目(CIP)数据

绿化工程/唐小敏，徐克艰，方佩岚主编. —北京：中国建筑工业出版社，2008
(城市景观工程丛书)
ISBN 978-7-112-10087-3

Ⅰ.绿… Ⅱ.①唐… ②徐… ③方… Ⅲ.园林—绿化—工程施工 Ⅳ.TU986.3

中国版本图书馆CIP数据核字（2008）第066910号

责任编辑：郑淮兵
责任设计：郑秋菊
责任校对：王 爽 刘 钰

城市景观工程丛书
绿 化 工 程
唐小敏 徐克艰 方佩岚 主编
*
中国建筑工业出版社出版、发行（北京西郊百万庄）
各地新华书店、建筑书店经销
北京嘉泰利德公司制版
北京二二〇七工厂印刷
*
开本：880×1230毫米 1/32 印张：$7\frac{1}{8}$ 字数：250千字
2008年9月第一版 2008年9月第一次印刷
定价：49.00元
ISBN 978-7-112-10087-3
(16890)

版权所有 翻印必究
如有印装质量问题，可寄本社退换
(邮政编码 100037)